企业级卓越人才培养解决方案"十三五"规划教材

网店运营高级
——电子商务运营项目高级实战

天津滨海迅腾科技集团有限公司　主编

南开大学出版社

天　津

图书在版编目(CIP) 数据

网店运营高级：电子商务运营项目高级实战/天津滨海迅腾科技集团有限公司主编．一天津：南开大学出版社，2018.8(2021.1 重印)

ISBN 978-7-310-05650-7

Ⅰ.①网… Ⅱ.①天… Ⅲ.①电子商务－商业经营－教材 Ⅳ.①F713.365.1

中国版本图书馆 CIP 数据核字 (2018) 第 188672 号

主　编　陈　波　陈　晓

副主编　慕晓涛　于　洋　许晓莉　邓先春

网店运营高级：电子商务运营项目高级实战

WANGDIAN YUNYING GAOJI : DIANZI SHANGWU YUNYING XIANGMU GAOJI SHIZHAN

南开大学出版社出版发行

出版人：陈　敬

地址：天津市南开区卫津路 94 号　　邮政编码：300071

营销部电话：(022)23508339　营销部传真：(022)23508542

http://www.nkup.com.cn

天津午阳印刷股份有限公司印刷　全国各地新华书店经销
2018 年 8 月第 1 版　　2021 年 1 月第 2 次印刷
260×185 毫米　16 开本　17.25 印张　393 千字
定价：59.00 元

如遇图书印装质量问题，请与本社营销部联系调换，电话：(022)23508339

企业级卓越人才培养解决方案"十三五"规划教材
编写委员会

王建国　烟台黄金职业学院

陈章侠　德州职业技术学院

郑开阳　枣庄职业学院

张洪忠　临沂职业学院

常中华　青岛职业技术学院

刘月红　晋中职业技术学院

赵　娟　山西旅游职业学院

陈　炯　山西职业技术学院

陈怀玉　山西经贸职业学院

范文涵　山西财贸职业技术学院

任利成　山西轻工职业技术学院

郭长庚　许昌职业技术学院

李庶泉　周口职业技术学院

许国强　湖南有色金属职业技术学院

孙　刚　南京信息职业技术学院

夏东盛　陕西工业职业技术学院

张雅珍　陕西工商职业学院

王国强　甘肃交通职业技术学院

周仲文　四川广播电视大学

杨志超　四川华新现代职业学院

董新民　安徽国际商务职业学院

谭维奇　安庆职业技术学院

张　燕　南开大学出版社

企业级卓越人才培养解决方案简介

　　企业级卓越人才培养解决方案（以下简称"解决方案"）是面向我国职业教育量身定制的应用型、技术技能人才培养解决方案。以教育部—滨海迅腾科技集团产学合作协同育人项目为依托，依靠集团研发实力，联合国内职业教育领域相关政策研究机构、行业、企业、职业院校共同研究与实践的科研成果。本解决方案坚持"创新校企融合协同育人，推进校企合作模式改革"的宗旨，消化吸收德国"双元制"应用型人才培养模式，深入践行基于工作过程"项目化"及"系统化"的教学方法，设立工程实践创新培养的企业化培养解决方案。在服务国家战略：京津冀教育协同发展、中国制造2025（工业信息化）等领域培养不同层次的技术技能人才，为推进我国实现教育现代化发挥积极作用。

　　该解决方案由"初、中、高"三个培养阶段构成，包含技术技能培养体系（人才培养方案、专业教程、课程标准、标准课程包、企业项目包、考评体系、认证体系、社会服务及师资培训）、教学管理体系、就业管理体系、创新创业体系等；采用校企融合、产学融合、师资融合的"三融合"模式，在高校内共建大数据（AI）学院、互联网学院、软件学院、电子商务学院、设计学院、智慧物流学院、智能制造学院等；并以"卓越工程师培养计划"项目的形式推行，将企业人才需求标准、工作流程、研发规范、考评体系、企业管理体系引进课堂，充分发挥校企双方优势，推动校企、校际合作，促进区域优质资源共建共享，实现卓越人才培养目标，达到企业人才招录的标准。本解决方案已在全国几十所高校开始实施，目前已形成企业、高校、学生三方共赢的格局。

　　天津滨海迅腾科技集团有限公司创建于2004年，是以IT产业为主导的高科技企业集团。集团业务范围已覆盖信息化集成、软件研发、职业教育、电子商务、互联网服务、生物科技、健康产业、日化产业等。集团以科技产业为背景，与高校共同开展"三融合"的校企合作混合所有制项目。多年来，集团打造了以博士、硕士、企业一线工程师为主导的科研及教学团队，培养了大批互联网行业应用型技术人才。集团先后荣获天津市"五一"劳动奖状先进集体、天津市政府授予"AAA"级劳动关系和谐企业、天津市"文明单位""工人先锋号""青年文明号""功勋企业""科技小巨人企业""高科技型领军企业"等近百项荣誉。集团将以"中国梦，腾之梦"为指导思想，在2020年实现与100所以上高校合作，形成教育科技生态圈格局，成为产学协同育人的领军企业。2025年形成教育、科技、现代服务业等多领域100%生态链，实现教育科技行业"中国龙"目标。

前　言

本书是电商运营技术进阶实例培训教材，书中讲解的技能都是电子商务运营必备的。本书基于新型互联网 C2C 模式电子商务交易平台的 SEO 技术，区别于传统建站以百度、谷歌搜索引擎 SEO 为基础的 B2C 模式，更专注针对淘宝、阿里巴巴、京东、拼多多等电子商务交易平台运营思路以及推广、优化、引流等方法的诠释讲解。虽然现阶段电子商务平台众多，但是淘宝拥有庞大的用户群，近乎处于垄断的市场地位，所以本书主要以淘宝的实例来讲解，更具有普遍性和实用性。淘宝交易平台的搜索引擎机制是最复杂的，深入了解淘宝交易平台的操作思路，更利于我们学习理解其他平台的操作方法。

本书由浅入深，全面、系统地介绍了各种运营数据的优化方法在淘宝交易平台的实际分析与应用，全书以项目为基础，贯穿整个技能点。采用每个技能点匹配一个小案例的方法进行讲解，最后有一个大的实训案例，从而使你更清晰地看到相应的效果，更容易理解知识点的内涵，为充分发挥高级电商运营技术的威力打下坚实的基础。

全书共 6 章，以"淘宝店铺产品分析"→"淘宝如何提升转化率"→"淘宝水果类目苹果免费引流"→"淘宝食品类目提拉米苏付费引流"→"淘宝女装客户关系管理"→"新媒体"为线索，从基础运营数据的原理、优化方法开始，到常见类目运营思路，讨论营销方式和优化方法，再到新媒体的推广，比如提升转化率、SEO 免费引流、付费引流等相关知识，从而达到运营推广和 SEO 优化完美的结合。

书中的每章都分为学习目标、学习路径、任务描述、任务技能、任务实施、任务拓展、任务总结、英语角、任务习题 9 个模块来讲解相应的内容。此结构条理清晰、内容详细，任务实施与任务拓展可以将所学的理论知识充分的应用到实战中。书中的 6 个章节都是与电商运营相关的类目，学习起来难度较小，使读者全面掌握所学的知识技能点。本书具有配套的资料包，包括课程 PPT、实训案例、拓展案例等，可进行辅助学习。

本书由陈波、陈晓任主编，由慕晓涛、于洋、许晓莉、邓先春共同任副主编。陈波、陈晓负责全面内容的规划，慕晓涛、于洋负责整体内容编排。具体分工如下：一、四、六章由慕晓涛、许晓莉编写，陈波负责全面规划；二、三、五章由于洋、邓先春编写，陈晓负责全面规划。

本书内容系统、结构完整、讲解简明、方便实用，是运营人员学习电商推广优化的最佳参考书，适合所有运营人员和希望了解电商推广优化的读者阅读参考，是理论与实际完美结合的好教材。

天津滨海迅腾科技集团有限公司

技术研发部

目　录

第一章 淘宝店铺产品分析

通过直通车词表查找关键词,了解产品市场竞争情况,熟悉生意参谋分析数据,掌握如何选择产品的类目,具有定位产品的能力。在任务实施过程中:

● 了解产品市场竞争情况。

● 熟悉生意参谋分析数据。

● 掌握如何选择产品的类目。

● 具有定位产品的能力。

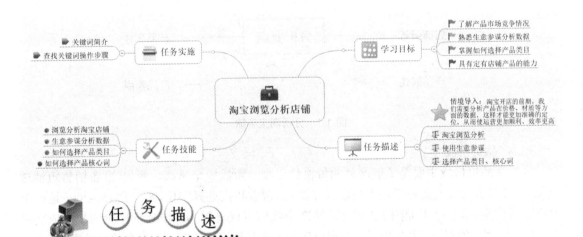

【情境导入】

电子商务发展迅猛,现在有很多人在淘宝上开了属于自己的店铺,但并不是每一个店铺都可以良好的运营下去,如果商家在开店前无法对自己经营的产品有一个正确的分析,就会导致店铺在运营过程中的失利。因此,在淘宝开店的前期,我们需要分析产品在价格、材质等方面的数据,这样才能更加准确的定位,从而使运营更加顺利、效率更高。本章节主要通过浏览分析店铺、使用生意参谋查看数据、选择产品类目、选择产品核心词等知识点的介绍,学习如何快速的确定店铺经营产品,使运营更加顺利。

技能点 1　浏览分析淘宝店铺

电子商务的诞生打破了传统的销售模式,人们的购物方式由在实体店购买变为了通过互联网购买,许多商家抓住了这个契机,在网上开起了店铺。想要在互联网上销售产品首先要知道哪些平台流量大,而淘宝网是目前用户最多的平台之一,我们以分析淘宝店铺为例,为大家介绍手表类的店铺概况。

1. 分析要点

大部分商家在淘宝商铺运营过程中,过于注重产品销量以及利润,这样不利于店铺的长期发展,从而导致在与同类商铺竞争中失利。商家可以通过浏览分析淘宝店铺的产品价格段、店铺服务、产品款式、产品销量、产品属性、产品卖点等,弥补运营过程中的劣势,从而增加交易量。分析要点如图 1.1 所示。

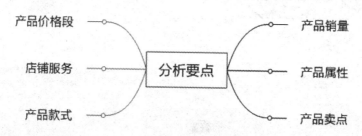

图 1.1　分析淘宝店铺

（1）产品价格段

分析产品价格段主要是了解产品的价格位于哪一阶段成交量高。例如,准备销售短袖这一服饰,可以去淘宝页面搜索两个价格段来对比,假设我们选择"10-100"与"150-200"这两个段位进行搜索比较,结果如图 1.2 所示。从图中我们可以看到"10-100"价格段的平均成交量大于"150-200"价格段。那么我们在对自己店铺的产品价格定位时可以参考这一数据。

（2）产品销量

分析产品销量能够了解到客户对于产品的接受程度,如果你也选择销售此类产品,就能够预测产品未来的销量,对店铺规划有一个预期思路。如图 1.3 所示,搜索短袖并且按照销量从高到低排名,可以看到各产品的销量,了解到顾客对于各种款式短袖的接受程度。

图 1.2　综合排名高的短袖价格

图 1.3　短袖销量排名

（3）产品款式

产品款式在销售中尤为重要,款式需要根据目标人群来确定,同时还需要考虑当下的流行元素、热门内容等,好的款式更容易被顾客接受,从而为店铺带来更多的流量。如图 1.4 所示,搜索短袖并且按照人气从高到低排名,可以看到顾客对于短袖喜欢什么样的样式,从而确定自己店铺产品的风格。

图 1.4　短袖人气排名

（4）店铺服务

店铺服务主要是为消费者提供售前、售后的服务,解答消费者在购买过程中的一些问题。客服的响应速度、售后处理情况、产品发货速度等因素会影响到用户购买过程中的决定,良好的服务可以给客户留下美好的第一印象,进而得到客户的信任,间接地促进产品的销售。例如在一家淘宝店铺中购买了产品,但是商家却迟迟不发货,这时客户可能就会想着退货。这种情况属于产品发货速度不合格,店铺的权重会被降低从而影响到店铺的流量及转化率。

（5）产品属性

产品属性是产品具备的功能以及材质等,不同的人群对产品的要求不一样,店铺需要根据自己的目标人群来确定产品的属性。产品的属性需要在产品详情页内看到,如图1.5所示,可以看到某短袖的品牌、材质、版型等。

品牌名称: KUHNMARVIN/库恩玛维		
产品参数:		
材质成分: 棉95% 聚氨酯弹性纤维(氨...	流行元素: 不对称 印花 拼接 立体装饰	袖长: 短袖
货号: K96103	服装版型: 直筒	衣长: 常规款
领型: 圆领	袖型: 常规	品牌: KUHNMARVIN/库恩玛维
图案: 植物花卉 拼接	图案文化: 青春	适用年龄: 18-24周岁
风格: 甜美	甜美: 学院	年份季节: 2017年夏季
主要颜色: 白色 卡其色	尺码: S M L	

图 1.5　产品属性

（6）产品卖点

产品卖点主要分为两个方面,产品自身优势与礼品。产品卖点需要点进商品详情页才会看到。产品优势表现在质量、包装等方面。如图1.6所示,可以看到某短袖的卖点从整体和细节两方面进行展示,可以使顾客一目了然。

送顾客礼品也是有技巧的,所送的礼品必须与店铺卖的产品是有联系,例如卖短袖实行买一送一活动,买一件送一件。如图1.7所示。

2. 分析流程

众所周知,人们可以通过手表随时随地的看到时间,相比于手机,手表更加方便,如骑车或开车时。不仅如此,佩戴手表的人会给其他人带来时间观念强的印象。本章节将以手表为例详细讲解,分析出销量最高的淘宝女表的情况。

第一步:在浏览器内,输入淘宝网网址 www.taobao.com,打开淘宝网,在淘宝网首页搜索栏内,输入"女表"点击搜索,如图1.8所示。

图 1.6　产品卖点

图 1.7　赠送礼品

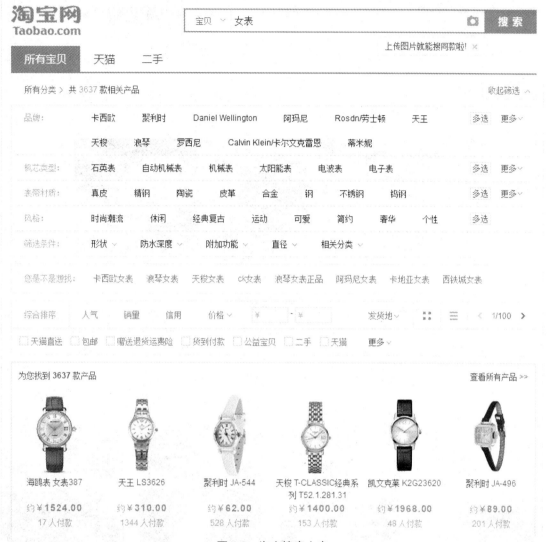

图 1.8　淘宝搜索女表

　　第二步:在设置栏内,设置宝贝按照销量从高到低排名,查看销量排名前几位的商品,如图 1.9 所示。可以看到销量最多的前三位价格在 10—25 元之间,产品的款式简约大方,从介绍中可以看到产品销售对象为学生。点击商品查看 DSR 有两到三项为绿色,说明产品在描述、物流服务以及服务态度中都是低于同行的。

　　在此页面拉到底端查看销量较少的手表,如图 1.10 所示,可以看到销量相对较少的手表价格在"100—180"之间,款式简洁,从介绍中可以看到主要销售对象为女士,并且 DSR 都为红色,说明该产品在描述、物流服务以及服务态度中都是高于同行的。

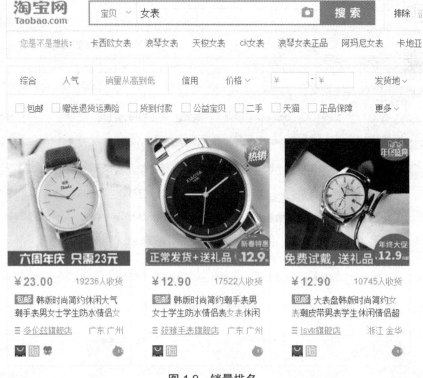

图 1.9　销量排名

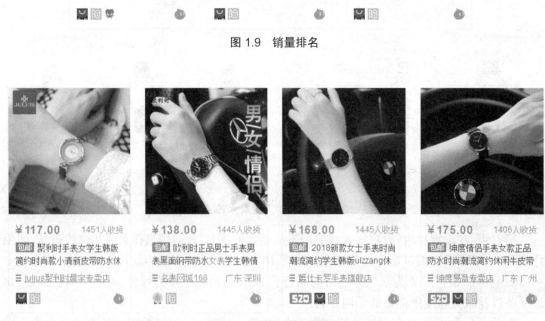

图 1.10　销量较少的手表

　　第三步：选择销量最高的产品，点击进入商品详情界面，分析产品属性、产品卖点、体验店铺服务。

　　手表的功能主要是为了看时间，也可以从佩戴的手表上看出人的生活品质。产品属性如图 1.11 所示。可以知道此手表的品牌为多伦兹，从图中可以看出产品镜面、机芯等材质，此表使用石英机芯、矿物强化玻璃镜面等都为较普通的材质。

产品参数:

保修: 店铺保修	成色: 全新	手表镜面材质: 矿物强化玻璃镜面
是否商场同款: 是	机芯产地: 中国	生产厂家名称: 广州市多伦兹表业有限..
品牌: DUOLZ/多伦兹	型号: 1899-2	机芯类型: 石英机芯
手表种类: 情侣表	风格: 时尚	表带材质: 人造革
形状: 圆形	显示方式: 指针式	上市时间: 2016年春季
颜色分类: 1899棕色男款 1899棕色女..	防水深度: 30米生活防水	附加功能: 24小时指示
表扣款式: 针扣	表底类型: 普通	表冠类型: 普通
表盘厚度: 6mm	表盘直径: 38mm	品牌产地: 国内
流行元素: 大表盘	表壳材质: 合金	

图 1.11　产品属性

　　产品卖点可以从产品详情内看到,如图 1.12 所示,可以看到此产品主打情侣系列、并且其表带、表扣在设计方面也有自己的特点,其详情页图片采用静物与佩戴相结合的方式,使顾客更容易了解产品。

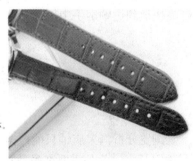

图 1.12　详情页介绍

　　体验店铺服务,可以找客服人员询问问题,询问的问题可以是与产品有关的,也可以是与服务相关的。如图 1.13 所示,可以看出客服在问题发送后一分钟之内就回复了,回复的速度是非常快的,客服回复速度快就让人有继续交谈下去的想法,如果客服迟迟不回复,会打消客户购买的积极性。

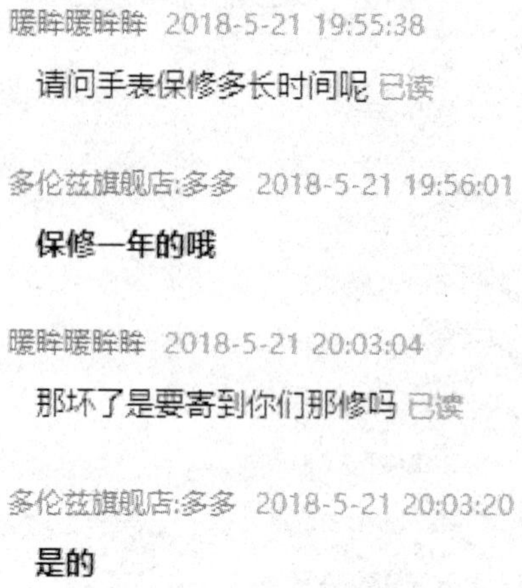

暖眸暖眸眸 2018-5-21 19:55:38
请问手表保修多长时间呢 已读
多伦兹旗舰店:多多 2018-5-21 19:56:01
保修一年的哦
暖眸暖眸眸 2018-5-21 20:03:04
那坏了是要寄到你们那修吗 已读
多伦兹旗舰店:多多 2018-5-21 20:03:20
是的

图 1.13　客服回复

总结：通过浏览分析我们应该了解到在确定经营产品之前，应该先确定目标人群，在分析目标人群的爱好、收入情况等方面的信息后，根据这些信息对产品的价格、材质以及销售的方式进行制定。在产品销售过程中，首先需要有良好的店铺服务，给顾客留下满意的第一印象；其次应该对产品进行详细准确的描述，让顾客了解产品，最后有一个良好、快速的物流服务，使产品快速到达顾客手中。

技能点 2　生意参谋分析数据

浏览分析淘宝店铺只能根据自己的主观判断来得到一些数据，这些数据不一定是准确的，而我们开店运营是需要准确数据支撑的。这时候就需要进入生意参谋来查看官方的、准确的数据。生意参谋是阿里巴巴官方推出的一个数据插件，其包涵实时、作战室、流量等版块。本技能点主要使用与产品分析相关的“市场”模块来分析数据。如图 1.14 所示。

生意参谋
首瑞旗舰店
首页
实时
作战室
流量
商品
交易
服务
物流
营销
财务
市场
竞争
业务专区
取数
学院
行业直播
店铺实时趋势

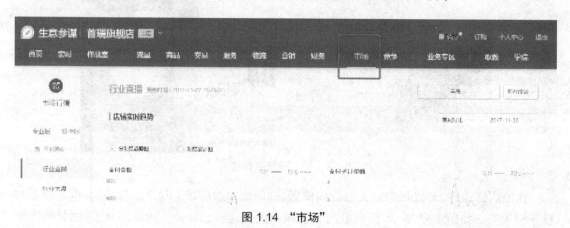

图 1.14　“市场”

1. 分析要点

生意参谋市场对产品销售相关数据做出了详细的分析，能够知道该产品在定价、地域、定位人群、行业数据、产品核心词等方面的详细数据。如图 1.15 所示（本章节主要查看手表的数据）。

产品定价
产品地域差异
产品定位人群
分析要点
产品行业数据
通过数据选择关键词

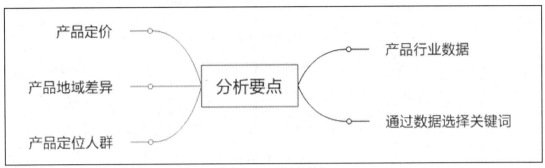

图 1.15 分析要点

（1）产品定价

产品定价是查看产品以什么样的价格销售能够被顾客接受。如图 1.16 所示，可以看到手表价格位于“115-220”这一价格段，搜索人数点击占比最高为 34.01%，商家可以参考这一数据，对自己店铺的产品价格进行定位。

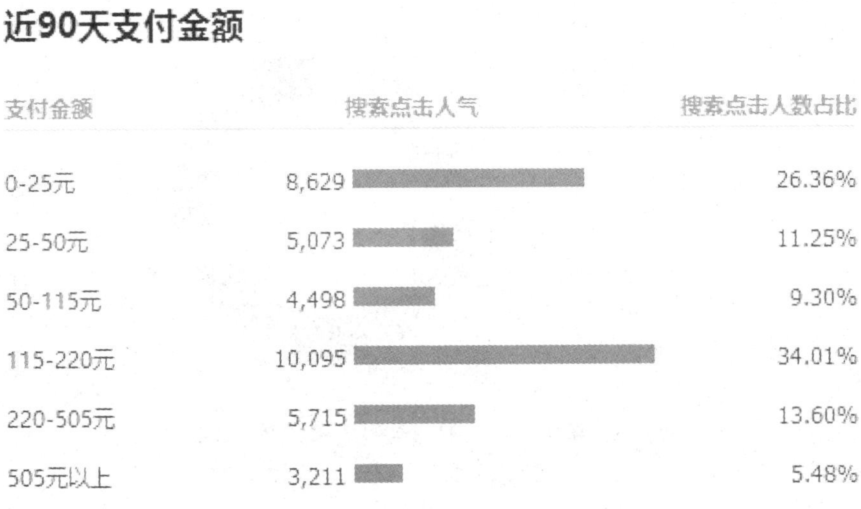

近90天支付金额
支付金额
搜索点击人气
搜索点击人数占比
0-25元
8,629
26.36%
25-50元
5,073
11.25%
50-115元
4,498
9.30%
115-220元
10,095
34.01%
220-505元
5,715
13.60%
505元以上
3,211
5.48%

图 1.16 产品价格

（2）产品地域差异

产品在不同的地区销售情况各不相同，通过数据分析可以了解到手表在各地区的销售情况。如图 1.17 所示，可以看出广东省的搜索点击人气最高，那么商家就应该重视广东省，同时对其他地区开展一些优惠活动来吸引顾客。

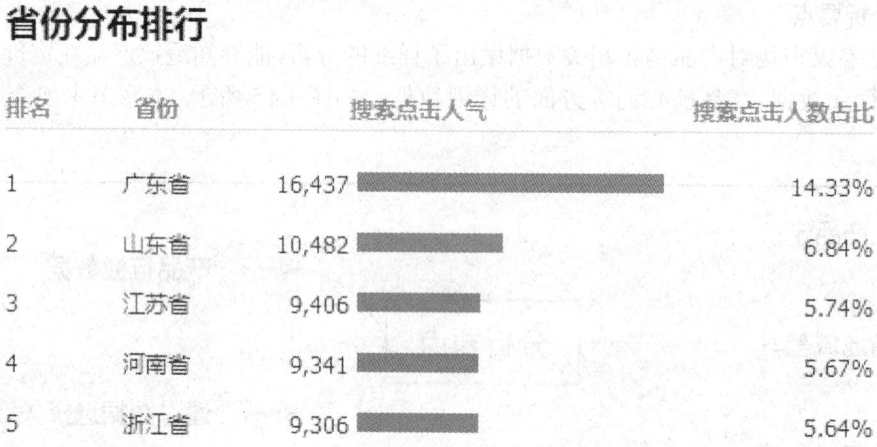

省份分布排行
排名 省份 搜索点击人气 搜索点击人数占比
1 广东省 16,437 14.33%
2 山东省 10,482 6.84%
3 江苏省 9,406 5.74%
4 河南省 9,341 5.67%
5 浙江省 9,306 5.64%

图 1.17 省份排行

(3)产品定位人群

产品适合什么样的人群购买,通过数据分析可以了解到各个职位所占比例的情况。如图 1.18 所示,可以看到购买手表的人群中,学生占比最高,比例为 30.07%,其次为公司职员。商家可以参考这一数据,对自己产品的目标人群进行定位。

职业占比
学生
30.07%
学生
公司职员
个体经营/
教职工
医务人员
公务员
工人

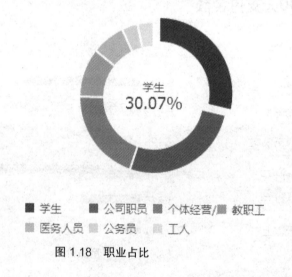

图 1.18 职业占比

(4)产品行业数据

了解产品的行业数据掌握行业整体销售情况,如图 1.19 所示,可以看出近期内访客数的变化,中间一段访客数突然上升到达 1000 万以上,从时间轴上看到这段时间正处于双十一,那么商家可以在双十一举办活动,来吸引顾客,从而提高产品的销量。

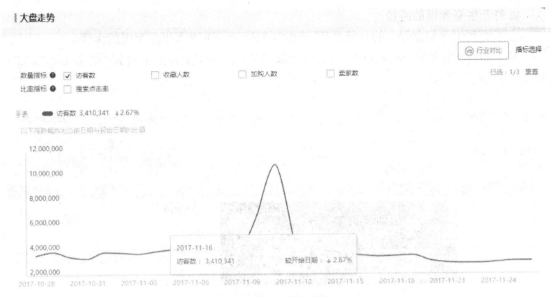

图 1.19　产品访客数据

（5）通过数据选择关键词

商品关键词与用户搜索时词语相似，该商品就会有优先显示的机会，搜索人气高的关键词可以作为产品的核心关键词。例如，选择手表的关键词，通过数据分析，如图 1.20 所示可以看出手表女的搜索人气最高，那么我们在选择的时候就可以选择这个关键词并且关注其他数据较高的关键词。

关键词	搜索人气 ⇅	搜索人数占比 ⇅	搜索热度 ⇅	点击率 ⇅	商城点击占比 ⇅	在线商品数 ⇅	直通车参考价 ⇅
手表女	120,190	32.34%	286,587	122.42%	58.74%	781,731	1.52
dw手表女	46,430	6.32%	96,135	158.08%	89.22%	13,489	1.19
浪琴手表女	40,642	5.04%	81,191	87.08%	74.26%	9,474	1.81
卡西欧手表女	35,299	3.97%	76,782	121.30%	83.56%	14,125	1.29
女士手表防水时尚款女…	21,345	1.71%	58,513	112.10%	65.72%	10,980	1.36
手表女 时尚潮流 防水	19,257	1.44%	44,711	112.01%	54.69%	92,159	1.15
手表女 简约	18,057	1.29%	41,314	130.07%	45.01%	210,481	1.11
手表女 浪琴	17,857	1.27%	24,372	41.29%	66.28%	9,474	1.81
手表女ck	17,735	1.26%	27,940	60.31%	64.50%	12,189	1.39
手表女 卡西欧	17,595	1.24%	30,002	81.56%	83.41%	14,125	1.29

图 1.20　关键词排行

2. 打开生意参谋的路径

在了解到生意参谋强大的功能之后,下面我们讲解一下进入生意参谋的步骤。

第一步:在淘宝网(www.taobao.com)登录开店的账号,在右上角找到"卖家中心",如图1.21 所示,点击进入。

图 1.21　卖家中心

第二步:在左侧"数据中心"找到"生意参谋",点击进入。如图 1.22 所示。

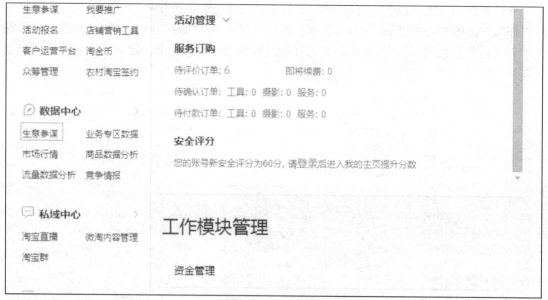

图 1.22　生意参谋

第三步:在生意参谋导航栏中找到"市场",点击进入生意参谋市场。如图 1.23 所示。

3. 生意参谋市场的模块

生意参谋市场是一个数据平台,其分为三大模块:行业洞察、搜索词分析、人群画像。如图 1.24 所示。通过这三个模块可以看到行业、产品以及人群分布的准确数据,商家可以根据这些数据进行产品的定位以及制定运营的策略(下面数据为查询女表所得出的数据)。

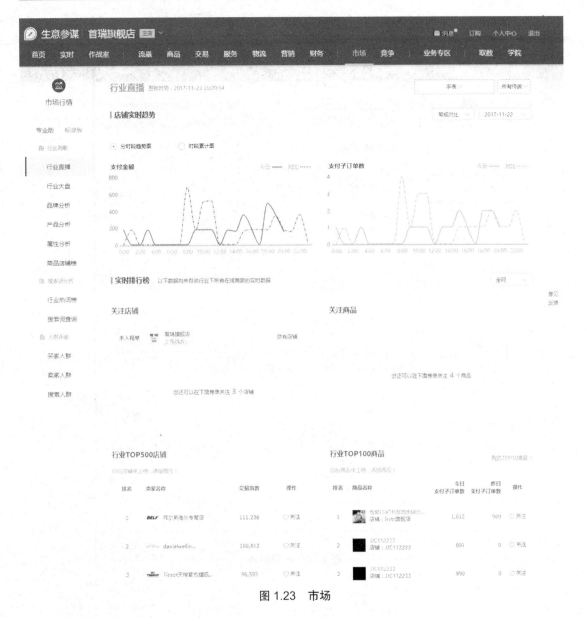

图 1.23　市场

（1）行业洞察

行业洞察可以看到本行业的各类准确数据。其包含行业直播、行业大盘、品牌分析、产品分析、属性分析、商品店铺榜。如图 1.25 所示。

①行业直播

行业直播即把一天分成若干个时间段，然后把各个时间段的数据连起来绘制成曲线图。如图 1.26 所示，实线表示店铺今日数据，虚线表示对比数据，我们可以对其进行对比，能够一目了然的看到支付金额与支付子订单数的差异。通过数据，一方面可以了解到店铺的运营效果，另一方面可以及时发现问题调整策略以及推广方式。

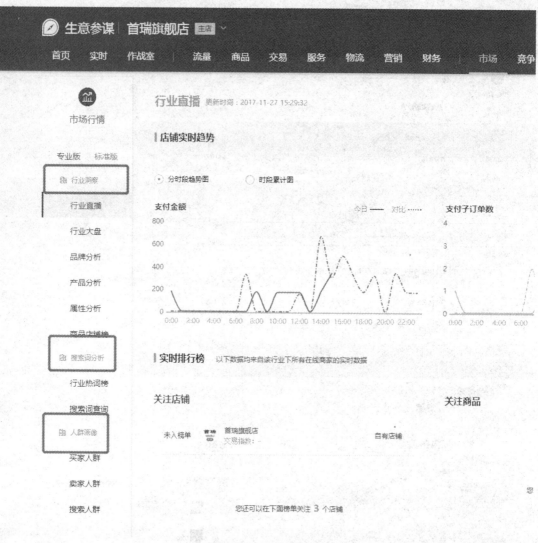

图 1.24　市场模块

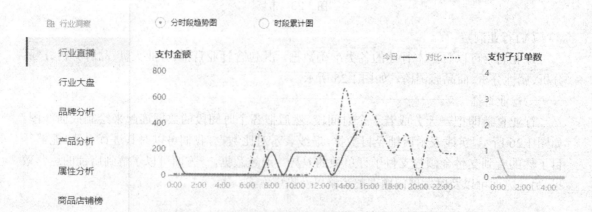

图 1.25　行业洞察模块

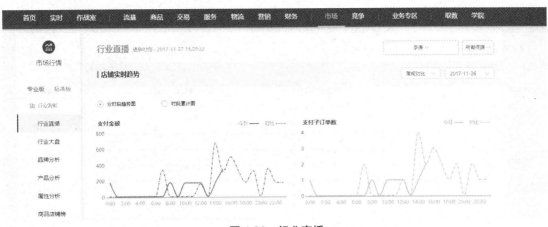

图 1.26　行业直播

② 行业大盘

行业大盘中可以看到行业很多的数据,其主要分为大盘走势、子行业交易排行、行业报表三部分。

● 大盘走势可以看出一段时间内产品访客数、收藏人数、加购人数、卖家数的变化。通过图 1.27 可以看出手表这个类目日均访客在 200 万—400 万之间,中间突然飙升至 1 000 万,从时间上看可以了解到是双十一的原因。同时我们也可以通过选择查看数据观察整个行业的收藏以及加购数量等。

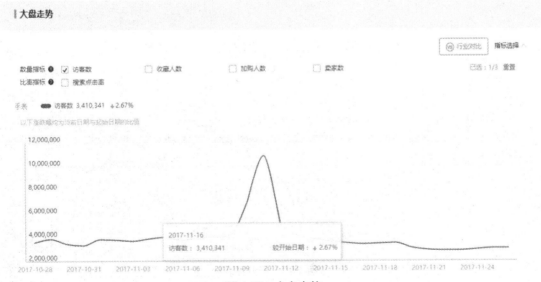

图 1.27　大盘走势

● 子行业就是二级类目,子行业交易排行能够看到产品行业中的二级类目的交易金额占比、交易金额同上一周期相比以及卖家占比的情况,从图 1.28 中的数据得知国产腕表支付金额占比在手表的整个行业中占 42.27%,可以看出国产腕表在整个类目中交易额占比将近一半,能说明购买国产腕表的人多,同时卖国产腕表的卖家有 76.06%,也是在类目里面占比最高的。这也说明了卖家中的竞争是非常激烈的。

┃子行业交易排行

行业名称	支付金额较父类目占比 ⇕	支付金额较上一周期 ⇕	卖家数占比 ⇕
国产腕表	42.27%	↑1.92%	76.06%
瑞士腕表	28.01%	↓6.58%	11.12%
日韩腕表	12.30%	↑5.57%	13.58%
欧美腕表	11.04%	↓5.16%	12.63%
配件	5.86%	↑17.85%	15.69%

〈 1 2 下一页 〉共2页

图 1.28　子行业交易排行

● 行业报表可以查看行业的一些数据（访客数、搜索点击率、客单价、支付件数等）。如图 1.29 所示,可以根据自己想要了解的数据来进行选择查看,可以看出近期的数据变化。

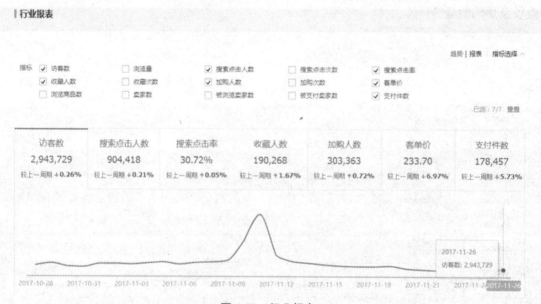

图 1.29　行业报表

③品牌排行

在品牌排行中,可以看到品牌的排名以及每个品牌的交易指数、支付商品数、支付转化率。如图 1.30 所示,可以看到支付指数最高的手表品牌为卡西欧。假设要做某品牌的经销商,通过正常的渠道在天猫申请专卖店或专营店,那么就可以通过品牌排行进行品牌销售情况的分析,在没有投资之前判断出市场现在的基本情况,然后决定要经营哪类品牌商品。

图 1.30　品牌排行

④产品分析

产品分析可以看产品的名称,支付的件数等数据,可以从中了解到哪类产品更受客户的欢迎。如图 1.31 所示。

497	Ebohr/依波 + 156142	2,711	8	热销商品榜
498	Casio/卡西欧 + Regular普通系列 LDF-50-7...	2,700	4	热销商品榜
499	Rossini/罗西尼 + 1373W01A	2,682	1	热销商品榜
500	LUMI NOX/雷美诺时 + 3081	2,664	2	热销商品榜

每页显示 10 ∨ 条　　　　　　　　　　　　　< 1 … 48 49 **50** > 页码 确定

图 1.31　产品分析

⑤属性分析

属性分析可以查看属性值、交易指数、支付件数等。如图 1.32 所示。通过属性分析可以直观地了解到客户喜欢什么样式。例如,手表样式有圆形、方形、菱形等,通过图 1.32 的数据可以看出"国内 + 圆形"属性的产品销量最高,那我们在确定自己销售的产品时就可以选用此类款式。

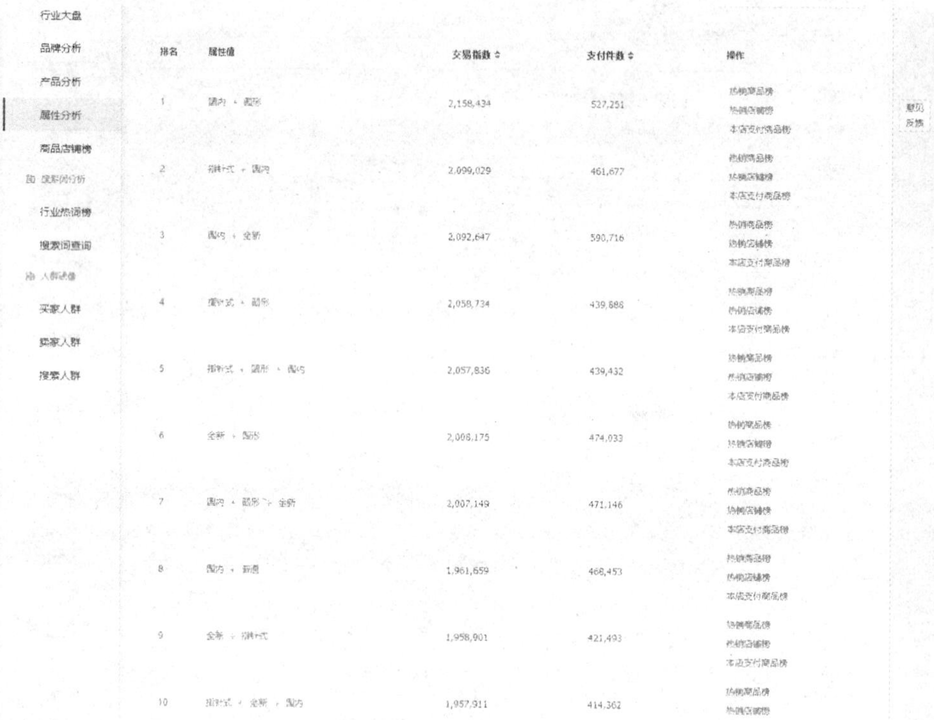

图 1.32　属性分析

⑥商品店铺榜

商品可以查看热销商品榜、流量商品榜、热销店铺榜、流量店铺榜。通过这些可以了解到哪些店铺流量大、订单多,进而去了解这个店铺并与自己店铺进行比较,了解自己的不足,从而改进。

● 热销商品榜,商品已支付子订单数排名。如图 1.33 所示。支付子订单数最多的为 lsvtr 旗舰店内包邮流动水钻手表,商家可以查看此产品的详细信息,取长补短。

● 流量商品榜。商品以流量指数排名,如图 1.34 所示。可以看到排名第一的为澳豪华手表时间店铺的海鸥定制大气男表,可以查看此产品的详细信息,取长补短。

图 1.33　热销商品榜

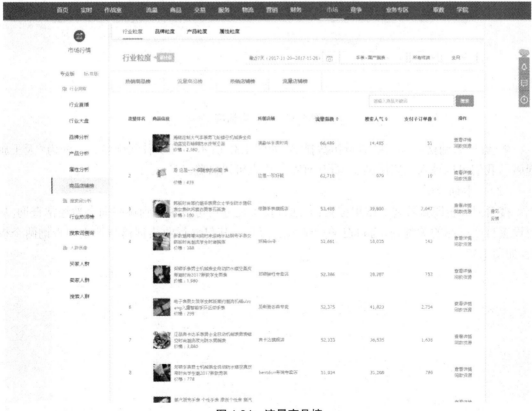

图 1.34　流量商品榜

● 热销店铺榜。店铺以交易指数排名,如图 1.35 所示。可以看到排名第一的为"天王旗舰店",我们可以进入其店铺浏览,看其有哪些优点可以借鉴。

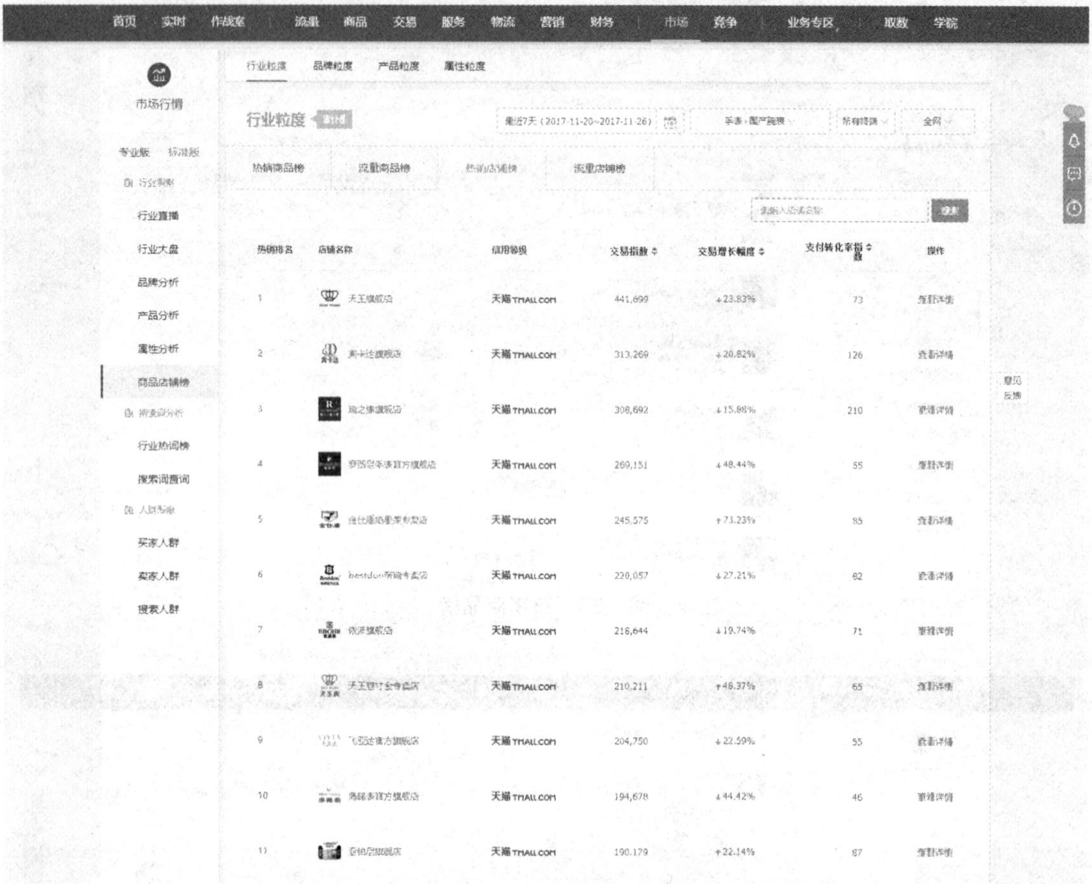

图 1.35　热销店铺榜

● 流量店铺榜。以店铺流量指数排名,如图 1.36 所示。可以看到排名第一的为"天王旗舰店",我们可以进入其店铺浏览,看其有哪些优点可以借鉴。

(2)搜索词分析

搜索词分析即查看客户常用搜索词,通过搜索词分析可以了解到哪些词会被经常查询,从而设置自己产品的关键词,为自己的店铺增加流量。其包含行业热词榜与搜索词查询两个板块,如图 1.37 所示。

图 1.36　店铺流量榜

图 1.37　搜索词查询

①行业热词榜

行业热词榜是行业中按照搜索点击人气对关键词的排名。可以查看热门搜索词、热门长尾词、热门核心词、热门品牌词、热门修饰词。

● 热门搜索词、飘升搜索词

如图 1.38 所示,可以查看近 7 天手表整个类目搜索词的排名,可以选择按照搜索人气、点击率、点击人气等查看排名。

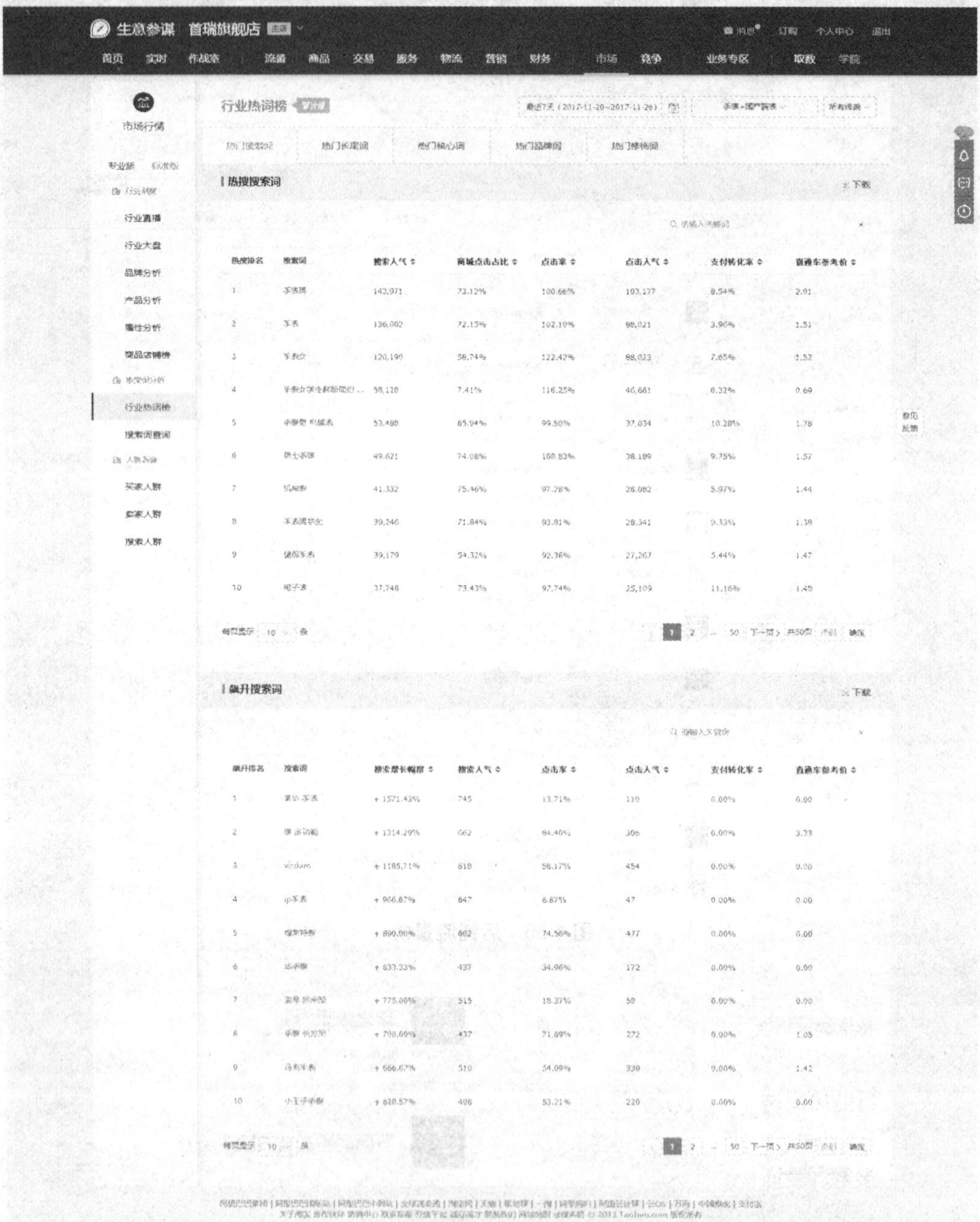

图 1.38　热门搜索词、飙升搜索词排名

● 热门长尾词、飙升长尾词

如图 1.39 所示，可以查看热门长尾词的详细数据，例如手表女学生韩版简约这个长尾词的搜索人气最高、点击率 116.25%，远远超出了其他搜索词的点击率，说明这个词就是一个很好的长尾词。

在策划产品时需考虑产品是否具有优秀长尾词的属性，例如策划的产品针对人群是不是学生、款式是不是韩版的，如果策划的产品与这些长尾词相符，那么这些长尾词就可以用于编写产品的标题。

　　飙升长尾词排名，可以看出最近这段时间哪些词有上升的趋势，方便提前做好准备，如季节性的商品飙升长尾词变动较大要特别注意。

图 1.39　热门长尾词、飙升长尾词排名

● 热门核心词、飙升核心词

核心词是可以准确描述产品但字数较少的词，每个产品都有核心词。如图 1.40 所示可以看到手表热门核心词的具体数据，根据数据可以看出手表、机械表、石英表等这些词是排名靠前的，那么我们在策划手表类产品时，就可以根据自己的具体情况来选择排名较高的核心词。

飙升核心词中可以看出一些排名上升的核心词的数据，在策划产品时值得参考。

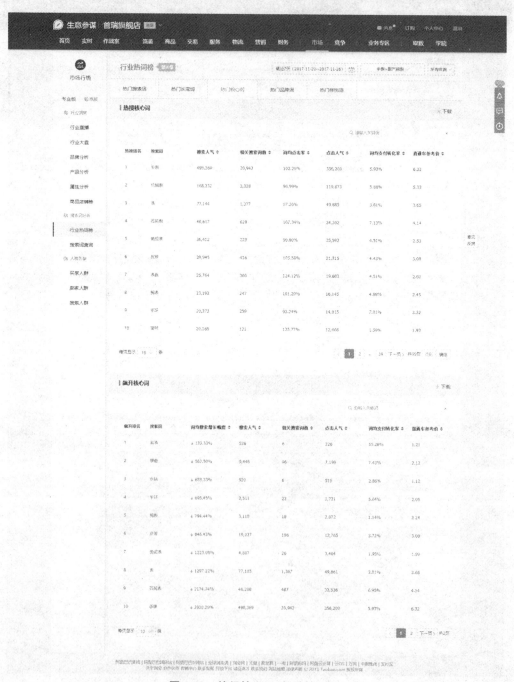

图 1.40　热门核心词、飙升核心词

● 热搜品牌词、飙升品牌词

如图 1.41 所示,可以看到热门品牌词的各项数据排名,例如天王搜索人气 59666 次、相关搜索词数 521 个、词均支付转化率 2.67%。如果使用"天王"这个词而且选择广泛匹配,那么无论顾客搜索的是 521 个相关所搜词中任何一个词,产品都有机会被顾客看见。

图 1.41 热搜品牌词、飙升品牌词

● 热搜修饰词、飙升修饰词

如图1.42所示可以看到修饰词的各个排名数据,图中出现的修饰词都是与定位人群有关系的词语,根据数据可以分析出哪些修饰词的数据好,在策划产品的时候要考虑到修饰词与产品的关联,尽量选择人气高的,支付转化率高的修饰词。

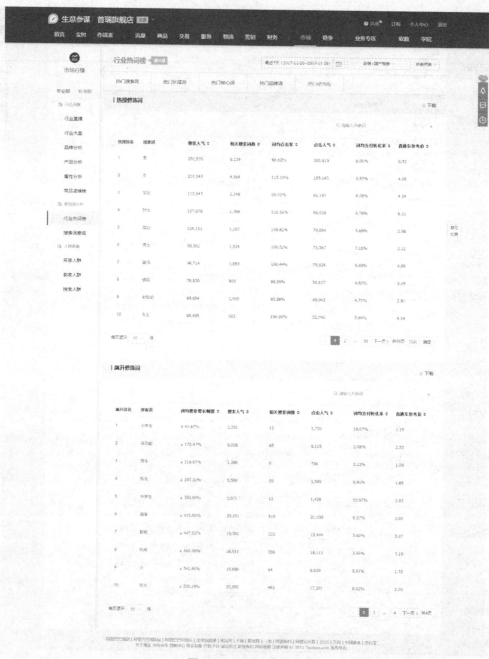

图1.42　修饰词排名

② 搜索词查询

搜索词查询分为搜索词详情、相关搜索词等。

● 搜索词详情

搜索词查询，我们可以选择产品的核心词去搜索一下看看数据，我们的产品是女表，那我们选择手表女这个词作为核心词进行搜索。

如图 1.43 所示，第一部分可以看到手表女的搜索人气曲线图，也可以点击选择查看点击人气、点击数的曲线图。第二部分可以到类目的构成包含手表、女装 / 女士精品、饰品 / 流行首饰 / 智能设备等 7 个一级类目，这里可以看出占比最高的是手表这个类目，点击人数占比为 96.53%，其他 6 个一级类目总共占不到 4%，所以在策划产品的时候一定要选择数据好的产品类目。

类目名称包含国产腕表、欧美腕表、日韩腕表等 7 个二级类目，可以看到每一个二级类目的详细数据。

图 1.43　类目数据

● 相关搜索词

如图 1.44 所示。通过产品核心"手表女"的搜索,我们可以看到这个词的数据,搜索人气是 120190,在线商品数是 781731。搜索人气 / 在线商品数的数值越大证明产品越容易销售。条件允许的情况下,尽量选择搜索人气高、在线商品数量少的产品去销售,更容易获得利润,因为买的人多卖的人少。

手表女这类产品在线商品数量很多,买的人远远没有商品多,那为什么还有那么多的商家还在做呢?通过图 1.44 中直通车参考价的数据大于 1 能够了解到手表女这类产品高利润,推广费高,不然在线商品太多很难得到展现的机会。

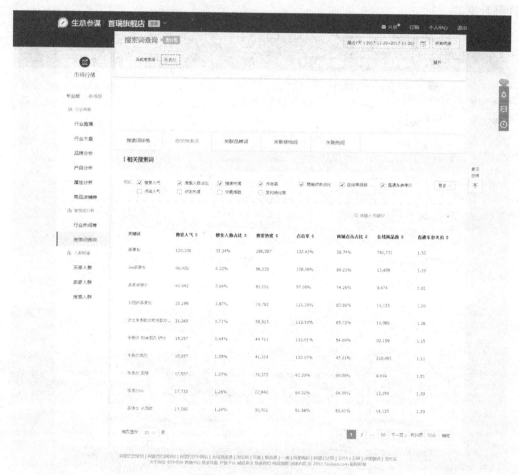

图 1.44　直通车参考价

搜索人气高、在线商品数相对少的产品是每个商家梦寐以求的产品,越早发现越早操作,淘宝产品都有发展周期,搜索人气高在线商品少的数据很快就会过去,我们需要抓住机会。

(3)人群画像

人群画像是对产品卖家与买家的准确数据分析,了解人群画像可以了解到自己产品的目标人群同时也能了解到自己的竞争对手。人群画像包含买家人群、卖家人群、搜索人群画像三个模块。如图 1.45 所示。

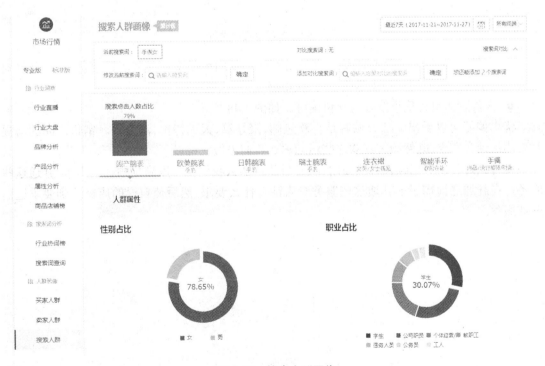

图 1.45　人群画像

①搜索人群

搜索人群包含了买家人群与搜索人群,有些顾客自己浏览自己购买,有些顾客自己浏览之后介绍给其他顾客购买,这两种人群统称搜索人群。搜索人群画像分为搜索人数点击占比、人群属性、人群行为、品牌购买偏好、类目购买偏好。

输入手表女分析这个词的搜索人群画像数据,搜索点击人数占比如图 1.46 所示,通过柱状图数据的分析可以看出手表的二级类目国产腕表占比最高。

人群属性包括性别、职业、年龄、近 90 天支付金额、年龄分布省、省份分布排行、城市分布排行。

性别占比、职业占比如图 1.44 所示。性别占比的数据分析,可以分析出女性顾客占比高,职业占比数据分析,可以分析出学生的占比 30% 比较高,其次是公司职员。

图 1.46　搜索人群画像

近 90 天支付金额、年龄分布省、省份分布排行、城市分布排行情况。如图 1.47 所示。

第一项近 90 天支付金额,可以分析出"115-220 元"的价位段所搜点击人数占比 34%,说明这个价位段的购买人群最多。第二项年龄分布情况,通过数据分析"18-25 岁"搜索点击人数占比 54%、"26-30 岁"搜索点击人数占比 17%。第三项省份分布排行,通过数据显示手表女这个词搜多点击人数占比的省份前五名分别是广东、山东、江苏、河南、浙江。第四项城市分布排行,可以看到搜索点击人气城市的排名。

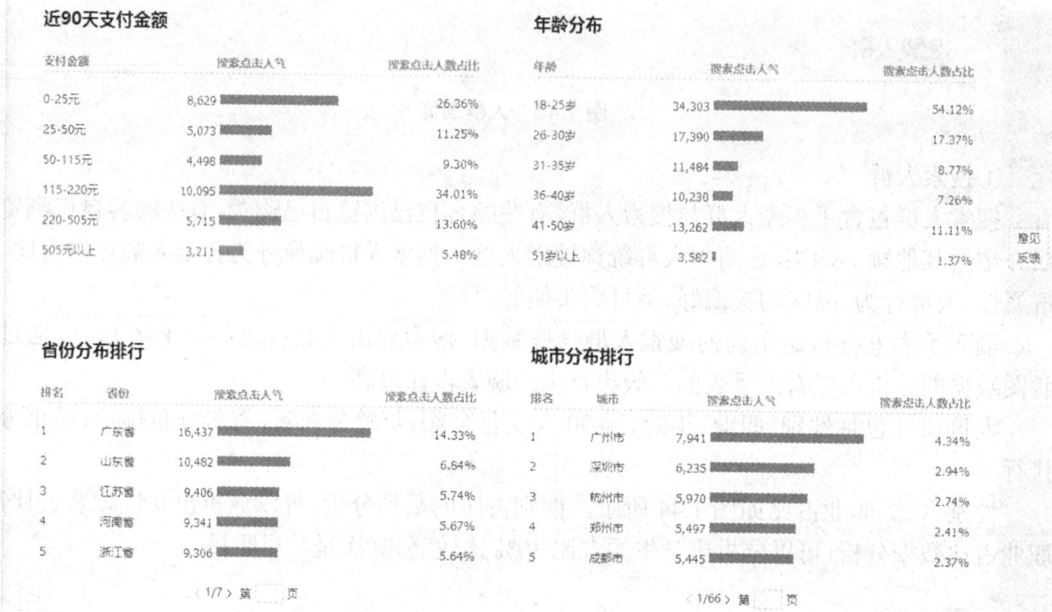

近90天支付金额

支付金额	搜索点击人气	搜索点击人数占比
0-25元	8,629	26.36%
25-50元	5,073	11.25%
50-115元	4,498	9.30%
115-220元	10,095	34.01%
220-505元	5,715	13.60%
505元以上	3,211	5.48%

年龄分布

年龄	搜索点击人气	搜索点击人数占比
18-25岁	34,303	54.12%
26-30岁	17,390	17.37%
31-35岁	11,484	8.77%
36-40岁	10,230	7.26%
41-50岁	13,262	11.11%
51岁以上	3,582	1.37%

省份分布排行

排名	省份	搜索点击人气	搜索点击人数占比
1	广东省	16,437	14.33%
2	山东省	10,482	6.64%
3	江苏省	9,406	5.74%
4	河南省	9,341	5.67%
5	浙江省	9,306	5.64%

‹1/7› 第　　页

城市分布排行

排名	城市	搜索点击人气	搜索点击人数占比
1	广州市	7,941	4.34%
2	深圳市	6,235	2.94%
3	杭州市	5,970	2.74%
4	郑州市	5,497	2.41%
5	成都市	5,445	2.37%

‹1/66› 第　　页

图 1.47　各部分占比情况

总结:通过图 1.46 与图 1.47 的数据分析对比。我们可以确定女表的销售价格、以及针对的人群。了解到我们的产品在哪些省份、城市好卖。

● 人群行为包含优惠偏好与支付偏好。如图 1.48 所示。

优惠偏好可以看出大部分顾客是喜欢包邮、聚划算、天天特价、淘金币。销售产品的前提是要满足顾客需求,既然顾客喜欢这些活动那么我们去做就可以了。

支付偏好可以看出顾客喜欢使用花呗,付款。那么我们就可以满足顾客的需求,开通这些服务。在开通之前需了解开通这些服务对店铺有什么要求,然后使自己的店铺达到要求进而开通服务。

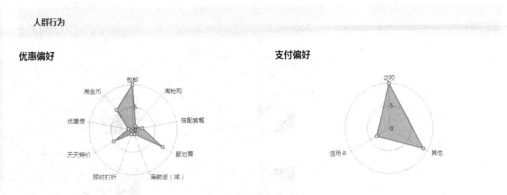

图 1.48　支付偏好

● 品牌购买偏好即人们在购买时更喜欢什么样的品牌。如图 1.49 所示,手表女这个词的品牌购买偏好排名最高的为劳士顿。

品牌购买偏好

排名	品牌名称	交易指数	偏好商品			
1	Rosdn/劳士顿	126,771		正品劳士顿手表女士手表陶瓷女士手表韩版时尚潮流学生表防 价格:591.94元 交易指数:47,192		劳士顿手表女士时尚潮流女表 陶瓷正品防水女士手表镀金简约… 价格:468.00元 交易指数:44,859
2	兰度	91,895				
3	HET/宏尔特	78,918		劳士顿手表女士石英表防水钨钢手链女表休闲潮流精钢时装腕表 价格:800.00元 交易指数:35,603		劳士顿手表女正品陶瓷表女士手表时尚潮流镶钻腕表女表防水 价格:591.94元 交易指数:32,614
4	JSDUN/金仕盾	58,353				
5	OLEVS/欧利时	43,400				
6	ELISE OVERLAND	40,428		正品劳士顿手表男士手表防水石英表情侣手表真牛皮带休闲腕 价格:268.00元 交易指数:29,838		劳士顿手表女正品女士手表陶瓷表时尚潮流镶钻腕表防水石英表20… 价格:591.99元 交易指数:29,483
7	智典	39,048				
8	嘉年华	37,299				

图 1.49　品牌购买偏好

● 类目购买偏好即人们在购买时产品的二级类目。如图 1.50 所示,国产腕表的交易指数最高,证明购买的人群最多。

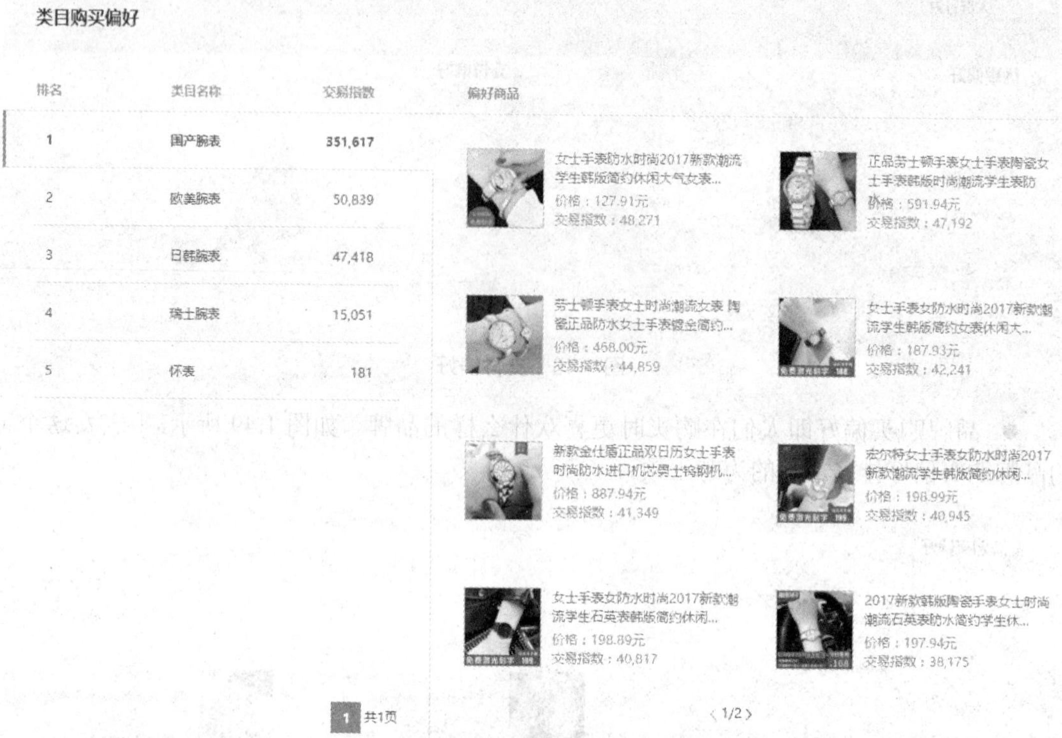
类目购买偏好
排名
类目名称
交易指数
偏好商品
1 国产腕表 351,617
2 欧美腕表 50,839
3 日韩腕表 47,418
4 瑞士腕表 15,051
5 怀表 181
女士手表防水时尚2017新款潮流学生韩版简约休闲大气女表...
价格：127.91元
交易指数：48,271
正品劳士顿手表女士手表陶瓷女士手表韩版时尚潮流学生表防水
价格：591.94元
交易指数：47,192
劳士顿手表女士时尚潮流女表 陶瓷正品防水女士手表镀金简约...
价格：468.00元
交易指数：44,859
女士手表女防水时尚2017新款潮流学生韩版简约女表休闲大...
价格：187.93元
交易指数：42,241
新款金仕盾正品双日历女士手表时尚防水进口机芯男士钨钢机...
价格：887.94元
交易指数：41,349
宏尔特女士手表女防水时尚2017新款潮流学生韩版简约休闲...
价格：198.99元
交易指数：40,945
女士手表女防水时尚2017新款潮流学生石英表韩版简约休闲...
价格：198.89元
交易指数：40,817
2017新款韩版陶瓷手表女士时尚潮流石英表防水简约学生休...
价格：197.94元
交易指数：38,175
1 共1页
1/2

图 1.50 类目购买偏好

②卖家人群画像

卖家人群画像即销售此类产品的卖家的数据分析，主要分析卖家数分布、卖家星级分布、卖家地域分布情况数。

卖家数可以看到正在销售此类二级类目产品的卖家，如图 1.51 所示，从卖家人群画像中可以看到卖家数为 497168，可以了解到自己开店所要面对的竞争。

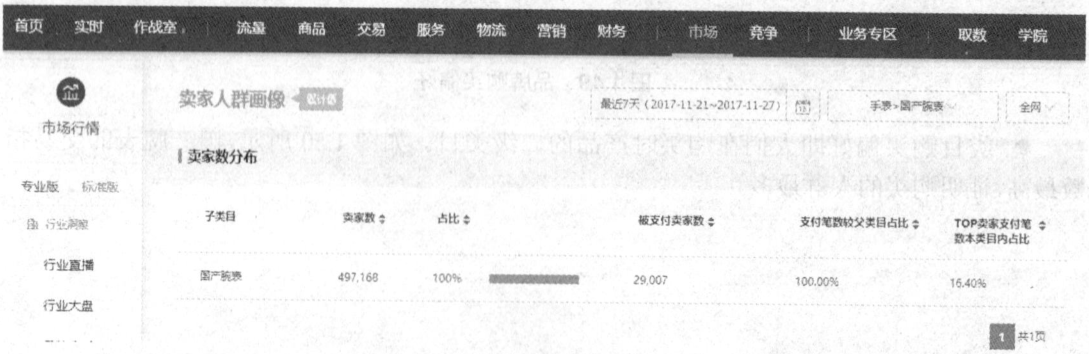
首页 实时 作战室 流量 商品 交易 服务 物流 营销 财务 市场 竞争 业务专区 取数 学院
市场行情
专业版 标准版
行业洞察
行业直播
行业大盘
卖家人群画像
最近7天（2017-11-21~2017-11-27）
手表>国产腕表
全网
卖家数分布
子类目
卖家数
占比
被支付卖家数
支付笔数较父类目占比
TOP卖家支付笔数本类目内占比
国产腕表 497,168 100% 29,007 100.00% 16.40%
1 共1页

图 1.51 卖家数分布

卖家星级分布，可以查看卖家信用等级的占比，在淘宝搜索过程中，信用等级高的排名靠前，并且买家在搜索宝贝时，也通常会选择“信用从高到低”。如图 1.52 所示，可以看到各信用等级内有多少卖家。

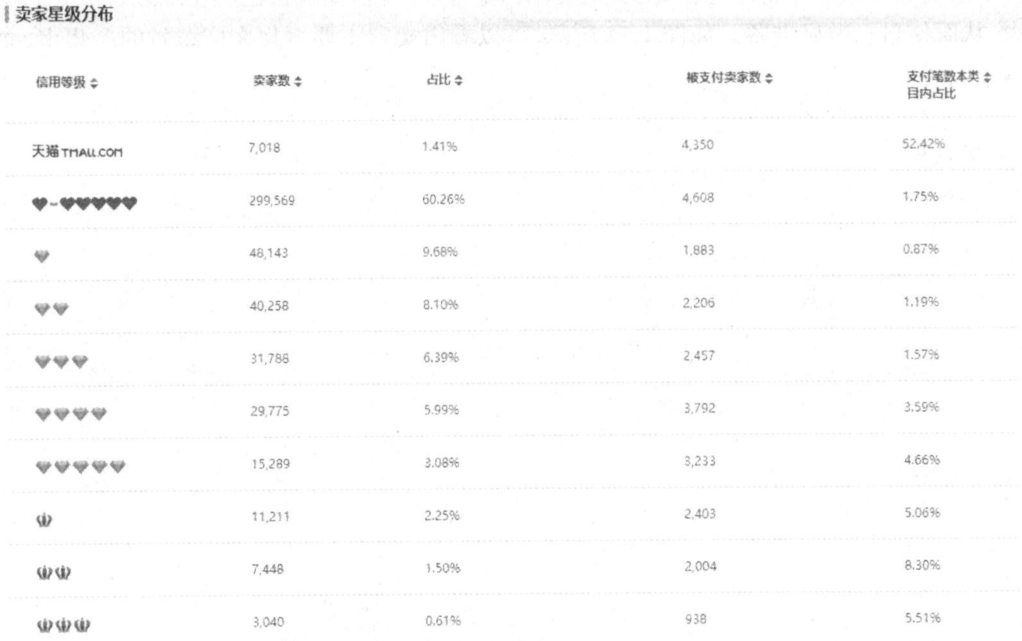

卖家星级分布

信用等级 ⇕	卖家数 ⇕	占比 ⇕	被支付卖家数 ⇕	支付笔数本类⇕ 目内占比
天猫 TMALL.COM	7,018	1.41%	4,350	52.42%
♥ ~ ♥♥♥♥♥	299,569	60.26%	4,608	1.75%
♥	48,143	9.68%	1,883	0.87%
♥♥	40,258	8.10%	2,206	1.19%
♥♥♥	31,788	6.39%	2,457	1.57%
♥♥♥♥	29,775	5.99%	3,792	3.59%
♥♥♥♥♥	15,289	3.08%	3,233	4.66%
♛	11,211	2.25%	2,403	5.06%
♛♛	7,448	1.50%	2,004	8.30%
♛♛♛	3,040	0.61%	938	5.51%

图 1.52 卖家星级分布

卖家的信用等级分级分数与其对应图标如图 1.53 所示。

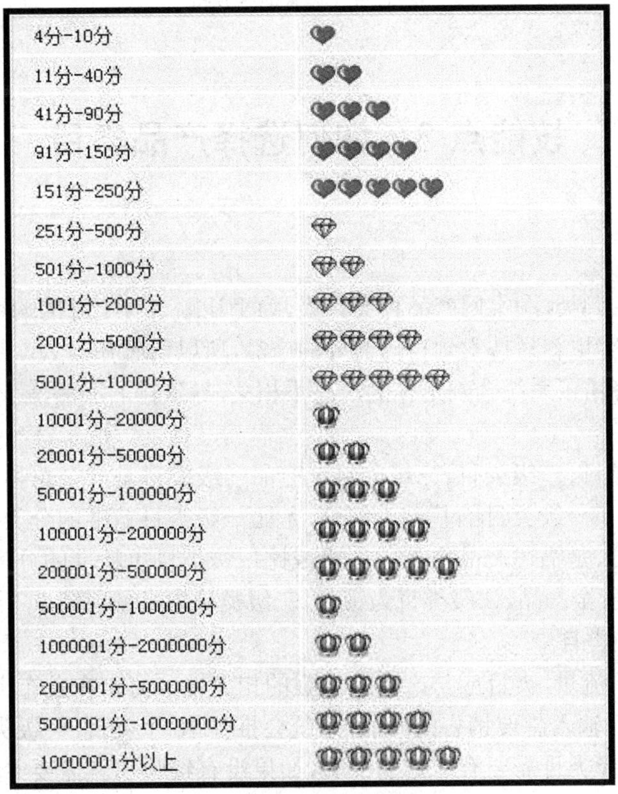

4分-10分	♥
11分-40分	♥♥
41分-90分	♥♥♥
91分-150分	♥♥♥♥
151分-250分	♥♥♥♥♥
251分-500分	◆
501分-1000分	◆◆
1001分-2000分	◆◆◆
2001分-5000分	◆◆◆◆
5001分-10000分	◆◆◆◆◆
10001分-20000分	♛
20001分-50000分	♛♛
50001分-100000分	♛♛♛
100001分-200000分	♛♛♛♛
200001分-500000分	♛♛♛♛♛
500001分-1000000分	♛
1000001分-2000000分	♛♛
2000001分-5000000分	♛♛♛
5000001分-10000000分	♛♛♛♛
10000001分以上	♛♛♛♛♛

图 1.53 等级分数标志

卖家地域分布,可以看到卖家主要聚集在哪个地区,可以知道自己所在地区有多大的竞争压力,从而使自己做好准备。如图 1.54 所示,可以看出卖家主要聚集在广东省的广州市、深圳市两个地区。

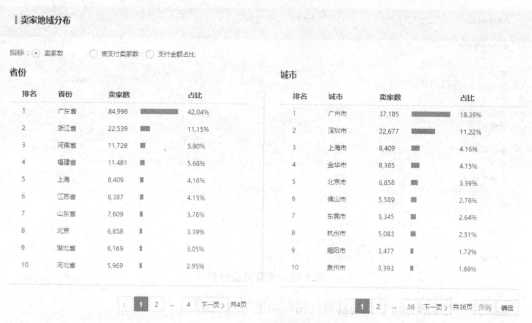

图 1.54　卖家地域分布

技能点 3　如何选择产品类目

1. 类目简介

类目即对产品的归类,淘宝网产品种类繁多,为了让顾客有更好的购物体验就需要对产品进行分类,从而让顾客更容易搜索到自己需要的产品,所以商家在策划产品时必须选择正确的类目。如果类目选择错了系统会判定你的产品不相关,导致排名靠后,就不会得到预计的人群与流量。

类目分为一级类目、二级类目、三级类目。产品一级类目是一个总称,是涵盖面很广泛的词语;产品二级类目在一级类目的基础上细分,是比一级类目精准的分类;产品三级类目在二级类目的基础上细分,是描述产品个体的词语或比二级类目更精准的分类。如机械门锁这一产品,其一级类目为五金产品,二级类目为锁具,三级类目为机械门锁。

2. 如何选择产品类目

为了得到更多的流量,类目应与产品有很强的相关性。商家在发布宝贝时首先需要选择类目,如图 1.55 所示,输入想要销售的产品,系统会推荐 10 个类目,一级类目与二级类目各不相同,能够正确的选择类目需要有一定的经验,如果没有经验那就需要参考数据,以真实数据作为支撑。下面讲两种选择产品类目的方法。

图 1.55　系统推荐类目

　　方法一：在生意参谋市场模块中选择搜索词分析，点击搜索词查询，查看官方的数据。查看手表女的相关数据，如图 1.56 所示，根据点击人气与点击人数占比确定哪个一级类目占比高；二级类目要根据产品的属性特性进行选择。从数据上看国产腕表的点击人气最高，点击率也是最高。综合数据说明手表女的一级类目应该选择手表，二级类目选择国产腕表。

　　方法二：通过第三方插件确定产品类目。如图 1.57 所示。点击类目欧美腕表，就能看到该产品的一级类目以及二级类目。多参考几家店铺，参考产品所在具体类目，统计并分析，最终得出产品所在类目。

‖类目构成

手表	女装/女士精品	饰品/流行首饰...	智能设备	服饰配件/皮带...	箱包皮具/热销...	电子词典/电纸...
点击人气: 87,489	点击人气: 4,846	点击人气: 4,452	点击人气: 3,502	点击人气: 1,920	点击人气: 1,704	点击人气: 1,302
点击人数占比: 96.53%	点击人数占比: 0.79%	点击人数占比: 0.69%	点击人数占比: 0.47%	点击人数占比: 0.19%	点击人数占比: 0.16%	点击人数占比: 0.11%

类目名称	点击人气 ⇕	点击人数占比 ⇕	点击热度 ⇕	点击次数占比 ⇕	点击率 ⇕
国产腕表	82,803	76.10%	262,456	85.55%	85.69%
欧美腕表	29,928	13.47%	67,555	8.12%	8.14%
日韩腕表	23,468	8.96%	54,364	5.60%	5.61%
瑞士腕表	6,839	1.19%	14,960	0.64%	0.64%
配件	2,412	0.23%	3,546	0.06%	0.06%
怀表	789	0.04%	1,181	0.01%	0.01%
智能腕表	213	0.01%	454	0.00%	0.00%

1 共1页

图 1.56　生意参谋市场 - 类目构成

图 1.57　第三方插件查看类目

技能点 4　如何选择产品核心词

产品的核心词通俗来讲就是这款产品适合的人群搜索最多的关键词。核心词应符合人群搜索点击的习惯,才会给店铺带来更多的流量。产品核心词可以通过生意参谋市场对核心关键词的数据进行分析从而找出适合产品的核心关键词。

1. 分析要点

通过生意参谋搜索词查询按照搜索人气排名从高到低排序开始筛选关键词,选出几个关键词做进一步的数据对比,数据对比主要分析性别占比、职业占比、近 90 天支付金额、搜索点击人数占比。如图 1.58 所示。

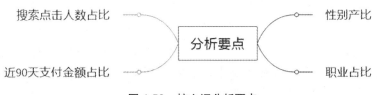

图 1.58　核心词分析要点

（1）搜索点击人数占比

搜索点击人数占比可以分析出这个产品类目的欢迎程度,如图 1.59 所示。国产腕表的搜索点击人数占比最高,占比在 80% 左右。商家可以参考这一数据来决定店铺经营的主要产品是什么,选择什么样的核心词。

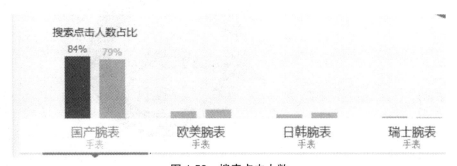

图 1.59　搜索点击人数

（2）近 90 天支付金额占比

近 90 天支付金额占比可以分析各价格段的受欢迎程度,如图 1.60 所示。可以看到手表最受欢迎的价格段为"115-200",其搜索点击人数占比 39.98%,商家可以参考这一数据对自己的商品进行定价。

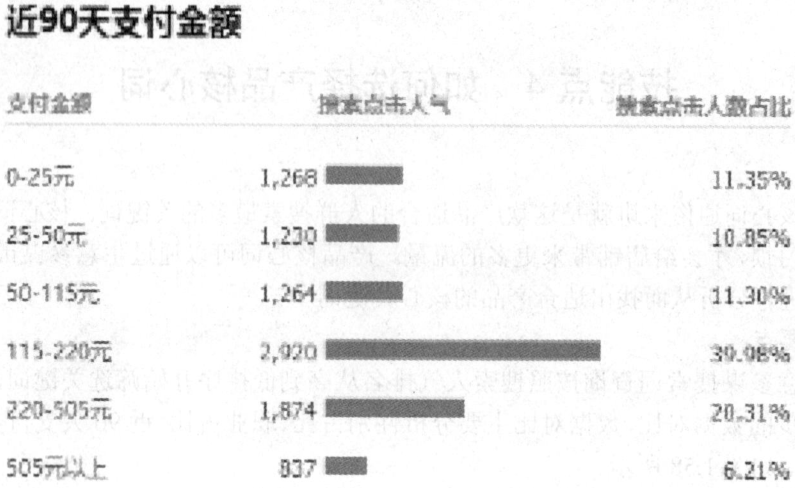

近90天支付金额

支付金额	搜索点击人气		搜索点击人数占比
0-25元	1,268	▬	11.35%
25-50元	1,230	▬	10.85%
50-115元	1,264	▬	11.30%
115-220元	2,920	▬▬▬	39.08%
220-505元	1,874	▬▬	20.31%
505元以上	837	▬	6.21%

图 1.60　近九十天支付金额

（3）性别占比

性别占比是分析产品的性别需求占比，如图 1.61 所示。可以看出手表主要是满足女生的需求，女性占比 59.27%，但是男女相差并不是很多。商家在设置产品核心词时可以参考这一数据，使核心词更多符合女性的搜索习惯。

性别占比

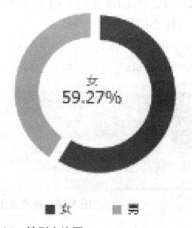

图 1.61　性别占比图

（4）职业占比

职业占比分析是分析购买的人群主要位于哪一个行业，如图 1.62 所示。可以看到购买手表的人群职业占比图中，公司职员占比最高，比例为 34.70%。所以商家可以参考这一数据，在选择核心词时，分析公司职员的爱好、需求等，核心词符合目标人群搜索习惯，就会为产品带来点击量进而转化为销量。

职业占比

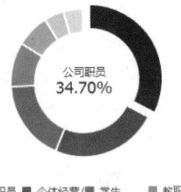

公司职员
34.70%

■ 公司职员　■ 个体经营/■ 学生　　■ 教职工
■ 医务人员　■ 公务员　■ 工人

图 1.62　职业占比图

2. 分析产品核心词

产品的核心词选择正确会给产品带来很大的流量,核心词选择错误那么搜索人群就不会精准的搜索到该产品,给店铺带来的流量就会与目标不符,所以选择正确的核心关键词是十分必要的。

分析产品核心词可以通过生意参谋市场搜索词查询。如图 1.63 所示。

第一步:在生意参谋市场搜索词查询模块中,输入搜索词手表,搜索结果以搜索人气从高到低排名,并且筛选其中不带有品牌关键字的条目。分析之后可以得到搜索人气前三位:手表 > 手表女 > 女士手表。

	关键词	搜索人气 ⇅	搜索人数占比 ⇅	搜索热度 ⇅	点击率 ⇅	商城点击占比 ⇅	在线商品数 ⇅	直通车参考价 ⇅
行业热词榜								
搜索词查询								
买家人群	手表	136,356	8.02%	274,329	102.40%	71.67%	1,858,845	1.51
卖家人群	手表女	120,538	6.47%	287,988	123.13%	58.67%	784,155	1.52
搜索人群	dw手表	74,545	2.83%	140,892	158.29%	90.96%	40,660	1.36
	电话手表	73,453	2.76%	162,980	92.42%	74.72%	120,292	2.09
	dw手表 男	36,097	0.82%	75,471	117.97%	84.92%	12,390	1.36
	卡西欧手表女	35,749	0.81%	77,648	119.40%	82.29%	14,208	1.29
	手表女学生	34,556	0.76%	81,048	107.44%	42.07%	362,600	0.79
	女士手表	32,446	0.69%	83,645	112.74%	69.02%	205,174	1.52

图 1.63　搜索查询手表

第二步:查看女士手表与手表女的具体数据对比。如图 1.64 所示。

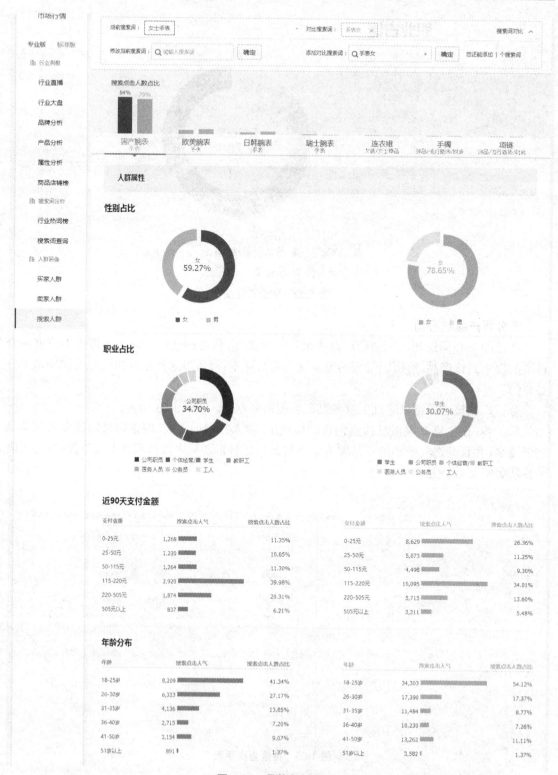

图 1.64　具体数据对比

如图 1.64 所示，手表女与女士手表数据对比分析得出：

- 搜索点击人数占比：女士手表高于手表女；
- 性别占比：女士手表男性购买顾客比手表女多，说明了通过女士手表购买的男性人群较多；
- 职业占比：女士手表的人群公司职员占比高，证明了这个词的消费群经济基础强具有一定的消费能力；手表女的人群学生占比较高；
- 通过支付金额的占比：也可以看出女士手表主要消费人群接受的价格在115—505元之间，而手表女不仅有这一段位的消费人群，也有消费能力比较差的人群；
- 年龄分布：手表女与女士手表的人群年龄分布主要在18—25岁。

在了解到两个核心词的差别之后，我们需要根据自己店铺的实际定位来确定自己店铺的产品核心词。

使用直通车 TOP20 万词表查找关键词

（1）简介

关键词是最能体现产品核心的名词或者词组，了解产品分析的过程后，关键词的重要性不言而喻，关键词更加精确能够提高产品的搜索排名，更容易定位精准的客户群。本任务主要讲解使用直通车 TOP20 万词表查找关键词（直通车 TOP20 万词表包含全网搜索排名前 20 万名的关键词）。

（2）操作步骤

第一步：打开（https://alimarket.taobao.com/markets/alimama/zhitongchecibiao）直通车 TOP20 万的网址，关键词词典淘宝/天猫直通车 TOP20 万首界面如图 1.65 所示。

第二步：词表分为四个部分，潜力词表 PC、潜力词表无线、TOP20 万词表 PC、TOP20 万词表无线。假设需要下载无线端词表，如图 1.66 所示。

图 1.65 关键词词典

图 1.66 词表首页

第三步：点击下载 TOP20 万词表无线，保存到桌面。如图 1.67 所示。

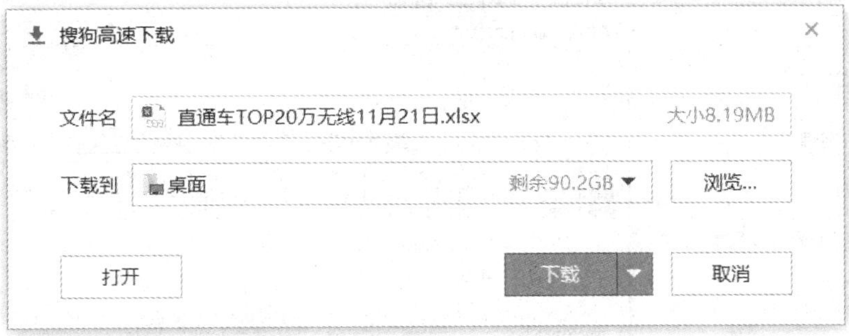

图 1.67　下载 TOP20 万词表

第四步：在电脑桌面找到下载好的文档，双击打开，调整行宽。如图 1.68 所示。

	A	B	C	D	E
1	投放平台	关键词	一级类目	二级类目	三级类目
2	无线站内	棉衣 女	女装/女士精品	棉衣/棉服	
3	无线站内	女毛衣	女装/女士精品	毛衣	
4	无线站内	围巾女冬季	服饰配件/皮带/帽子/围	围巾/丝巾/披肩	
5	无线站内	棉衣 女 中长款	女装/女士精品	棉衣/棉服	
6	无线站内	睡衣 女 冬	女士内衣/男士内衣/家	睡衣/家居服套装	
7	无线站内	棉衣 短款 女	女装/女士精品	棉衣/棉服	
8	无线站内	女羽绒服	女装/女士精品	羽绒服	
9	无线站内	羽绒服女	女装/女士精品	羽绒服	
10	无线站内	保温杯	餐饮具	杯子/水杯/水壶	保温杯
11	无线站内	毛衣女	女装/女士精品	毛衣	
12	无线站内	睡衣女冬	女士内衣/男士内衣/家	睡衣/家居服套装	
13	无线站内	袜子女	女士内衣/男士内衣/家	短袜/打底袜/丝袜/美腿	
14	无线站内	围巾	服饰配件/皮带/帽子/围	围巾/丝巾/披肩	
15	无线站内	马丁靴 女	女鞋	靴子	
16	无线站内	卫衣 女	女装/女士精品	卫衣/绒衫	
17	无线站内	苹果iphone x	手机		
18	无线站内	宽松毛衣 女	女装/女士精品	毛衣	
19	无线站内	女高领毛衣	女装/女士精品	毛衣	
20	无线站内	女雪地靴	女鞋	靴子	
21	无线站内	口红	彩妆/香水/美妆工具	唇膏/口红	
22	无线站内	连衣裙	女装/女士精品	连衣裙	
23	无线站内	打底裤女	女装/女士精品	裤子	打底裤
24	无线站内	羽绒服 女 中长款	女装/女士精品	羽绒服	
25	无线站内	帽子女冬	服饰配件/皮带/帽子/围	帽子	
26	无线站内	面包服女	女装/女士精品	棉衣/棉服	
27	无线站内	羽绒服	女装/女士精品	羽绒服	
28	无线站内	热水袋	居家日用	热水袋	
29	无线站内	男毛衣	男装	针织衫/毛衣	

图 1.68　表格文档

第五步：打开词表之后按 Ctrl+F，弹出查找小窗口，查找内容输入"女式手表"，点击"查找全部"，小窗口会自动搜索到这个词，然后仔细观察词表的关键词会被框选出来，后面是女士手表的一级类目、二级类目。然后复制二级类目，关闭搜索小窗口。如图 1.69 所示。

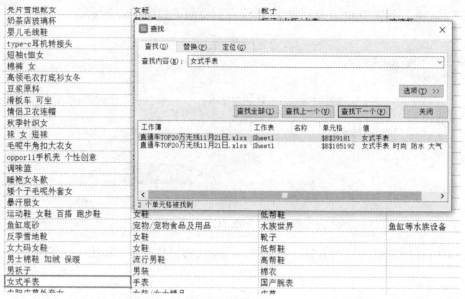

图 1.69　复制二级类目

第六步：选中二级类目的所有词然后筛选，在输入框粘贴二级类目词，点击"确定"。如图 1.70 所示。

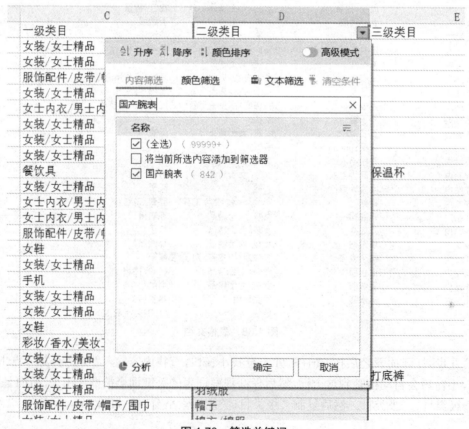

图 1.70　筛选关键词

第七步：把这些词复制到另外一个表格，删除不相关的词，例如男表，如图 1.71 所示。

	A	B	C	D
	投放平台	关键词	一级类目	二级类目
	无线站内	手表男	手表	国产腕表
	无线站内	手表女	手表	国产腕表
	无线站内	手表	手表	国产腕表
	无线站内	男表	手表	国产腕表
	无线站内	手表女学生韩版简约 潮流 ulzzang	手表	国产腕表
	无线站内	情侣手表	手表	国产腕表
	无线站内	女表	手表	国产腕表
	无线站内	手表 学生 女	手表	国产腕表
	无线站内	男手表 机械表	手表	国产腕表
	无线站内	机械表	手表	国产腕表

图 1.71　整理关键词

第八步：把剩余的关键词整理好然后进行数据分析，利用生意参谋市场或者直通车流量解析数据透视进行分析。

方法 1：生意参谋市场搜索词查询，如图 1.72 所示。输入关键词查询。

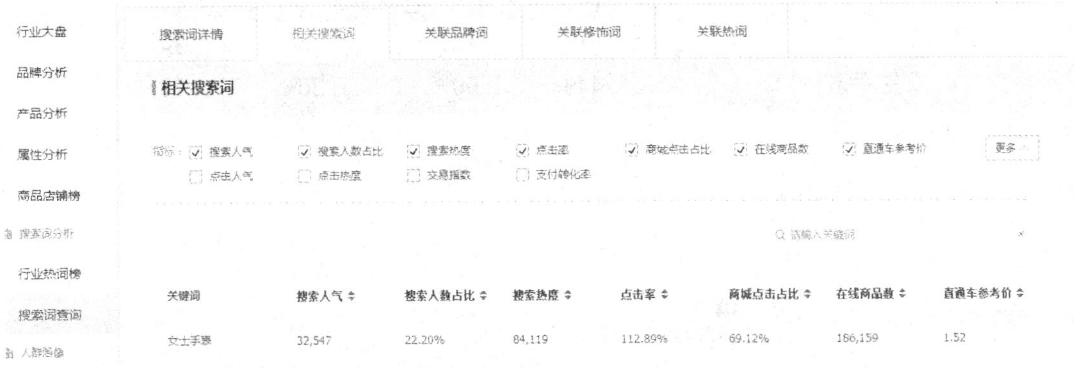

图 1.72　生意参谋查询

然后把关键词的数据以表格的形式整理出来如图 1.73 所示。数据整理出来，我们选择搜索人气高的、搜索人气占比高的词进行组合标题。把能够达到目标要求的关键词添加到直通车推广计划中。

	A	B	C
1	关键词	搜索人气	搜索人数占比
2	女士手表	32,547	22.20%
3	女生手表	12,757	35.29%
4			

图 1.73　关键词数据

方法 2：直通车流量解析数据透视，如图 1.74 所示。

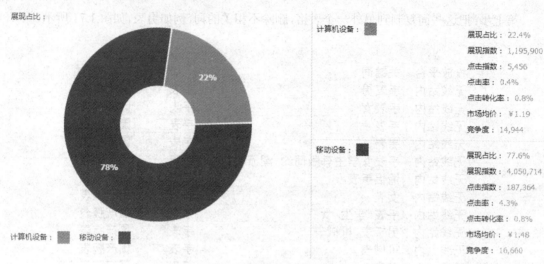

图 1.74　直通车数据透视

选择数据好的词组合标题,把能够达到目标要求的关键词组合标题或添加到直通车推广计划中。同时也要用表格记录数据,如图 1.75 所示。

	A	B	C	D	E
	关键词	展现指数	点击率	点击转化率	市场均价
	女士手表	4,050,714	4.30%	0.80%	￥1.48
	女生手表	155,444	4.90%	1.20%	￥1.20

图 1.75　记录数据

【拓展目的】

为了搜集到更多的关键词进行数据分析,以免把一些好的关键词遗漏掉,尽可能的把能找到的关键词都整理起来。

【拓展内容】

淘宝搜索下拉框的关键词整理分为手机端、电脑端。生意参谋的选词助手。

【拓展步骤】

1. 淘宝搜索下拉框找关键词

淘宝搜索下拉框找关键词。如图 1.76 所示。打开网页版淘宝在搜索框输入"手表"。把下拉框里面出现的关键词都整理到表格当中。

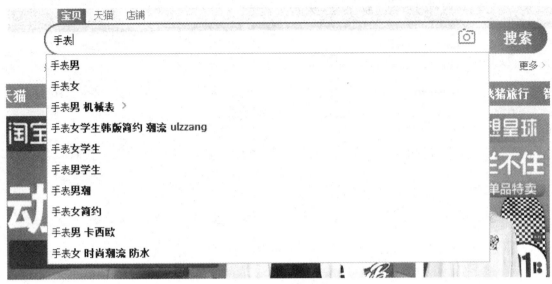

图 1.76　淘宝下拉框

打开手机淘宝 APP 搜索"女士手表"，如图 1.77 所示。把下拉框出现的关键词都整理到表格中。

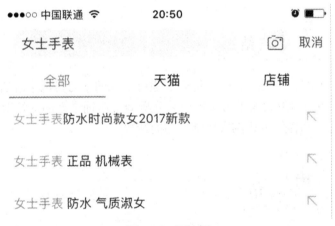

图 1.77　下拉框

2. 生意参谋 – 流量 – 选词助手选择关键词

生意参谋选词助手，如图 1.78 所示。选词助手会提供一些关键词给我们参考。

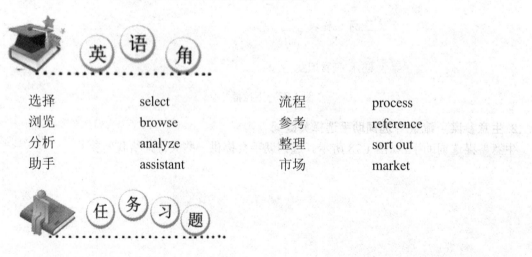

图 1.78　生意参谋选词助手

　　本章节介绍了对店铺产品进行分析的方法,通过本章的学习可以了解店铺产品的定位,分别以浏览分析店铺和使用生意参谋市场模块来分析淘宝店铺中产品的情况,了解选择类目与关键词的办法,学习之后能够分析淘宝店铺产品的情况。

选择	select	流程	process
浏览	browse	参考	reference
分析	analyze	整理	sort out
助手	assistant	市场	market

一、选择题

1.产品标题"2019 新款女装韩国代购棉布大码小清新碎花连衣裙"中的"女装"属于什么

词（　　　）。

　　A. 营销词　　　　　　　　　　　　B. 类目词

　　C. 属性词　　　　　　　　　　　　D. 核心关键词

　　2. 发布宝贝时标题名称最多可以容纳多少个汉字？多少字节？（　　　）。

　　A. 30：60　　　　　　　　　　　　B. 30：50

　　C. 20：40　　　　　　　　　　　　D. 40：80

　　3. 不属于淘宝开店用到的软件是（　　　）。

　　A. 千牛软件　　　　　　　　　　　B. 淘宝助理软件

　　C. Photoshop 软件　　　　　　　　 D. 电脑

　　4. 下列关键词中那个是修饰词（　　　）。

　　A. 手表女皮带　　　　　　　　　　B. 石英表女

　　C. 学生韩版时尚潮流女表　　　　　D. 防水

　　5. 下列二级类目中哪个不属于手表这个类目（　　　）。

　　A. 国产腕表　　　　　　　　　　　B. 日韩腕表

　　C. 怀表　　　　　　　　　　　　　D. 智能手环

二、简答题

　　1. 根据本章节淘宝女表店铺产品分析,分析一下纯棉男休闲裤这个产品,这个产品的一级类目是什么？二级类目是什么？

第二章　淘宝如何提升转化率

通过"视频打标"提升产品的转化率,了解提升转化率的好处,熟悉产品如何提升转化率,掌握各种提升转化率的方法,具有提升产品转化率的能力。在任务实现过程中:

- 了解提升转化率的好处。
- 熟悉产品如何提升转化率。
- 掌握各种优化的方法。
- 具备提升产品转化率的能力。

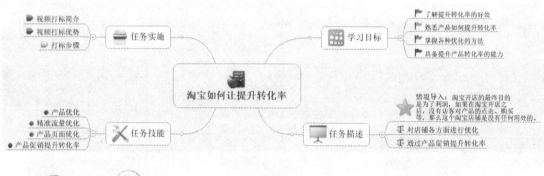

【情境导入】

在淘宝平台开店后,如果没有访客对产品的点击、购买等行为,那么这个淘宝店铺就没有收益。因此,在开店之后,我们需要了解什么会影响店铺的转化率、对店铺的优化需要从哪几个方面进行、具体每一部分怎样优化等,这样才能提升店铺访客的转化率、产品的销量进而获得利润。本章节主要通过对产品优化、精准流量优化、产品页面优化、产品促销等知识点的介绍,学习如何高效的对店铺各方面进行优化,达到提高转化率的效果。

技能点 1　产品优化

1. 产品优化简介

产品优化是商家针对产品方面出现的问题进行优化。淘宝店铺在销售产品的过程中总是会碰到各式各样的问题,例如物流速度慢、产品包装不好等问题,这些问题都会导致客户在评论中出现差评,会对店铺有一系列的负面影响。因此,我们需要对产品的问题进行分析和解决。

2. 产品优化要点

产品的问题经常体现在服务、快递等方面,在这些问题上,客户提供的建议是非常珍贵的,要认真的去分析总结出问题所在,针对性的进行改善。产品优化的要点分为快递、卖家自身原因、产品售后、产品材质、产品包装、产品工艺等六方面,如图 2.1 所示。

图 2.1　分析要点

（1）产品材质

产品材质是产品的材料质量。产品材质出现的问题是比较严重的,例如服装类产品客户最担心的问题就是有异味等问题。如果存在这种问题的产品被客户收到后,客户可能会在评论区打下中差评,如图 2.2 所示,这样会降低后续产品的转化率。解决这类问题需要商家在进货时严格把关,不要因为贪一时便宜而影响店铺运营。

超级差,有鸭味不说,还老掉毛,弄得我全身都是鸭毛,感觉像进了鸭堆里似的,说实话,要不是嫌麻烦,我早就把它退了,还真的不能贪便宜,而且这也要一百多,一点都不值得这个价,劝你们一句,别买了

图 2.2　材质问题差评

（2）产品工艺

产品工艺是产品制作过程中的工序和技艺。产品工艺的好坏直接影响到产品销售情况,例如衣服线头多,走线不平整等问题就是在制作过程中的技艺较差而造成的。如图 2.3 所示,可以清楚地看到左侧图片针线不平整,并且线头较多,右侧图片没有线头,针线清晰,相比之后

就可以知道客户更喜欢哪一种衣服。

图 2.3　产品工艺区别

（3）产品包装

产品包装是防止运输过程中导致产品损坏。好的包装能够衬托出产品的价值,在运输途中也能起到保护产品的作用。如图 2.4 所示,聚美优品的包装,其包装简单、美观,可以有效地保护产品。送到买家手中时包装仍然完整,就会给客户留下好的印象。

图 2.4　聚美优品产品包装

（4）快递

快递是将客户委托的文件或包裹,快捷而安全地从发件人送达收件人的新型运输方式。店铺要根据经营的产品来选择快递,可同时与多个快递公司合作（方便客户指定快递）,例如圆通、邮政、顺丰等,其中顺丰主推速度,但价格相对较高一些,卖家想提升快递的速度为顾客带来更好的消费体验,可以选择顺丰快递。当有顾客反馈快递有问题时,应及时查看当前快递详细信息，并与顾客进行沟通解决，保证顾客的正当利益。如图 2.5 所示，在生意参谋作战室中查看物流的信息。

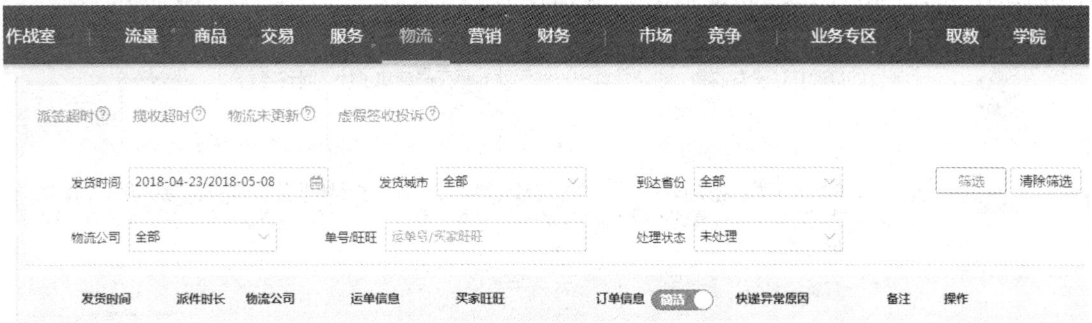
作战室
流量
商品
交易
服务
物流
营销
财务
市场
竞争
业务专区
取数
学院
派签超时
揽收超时
物流未更新
虚假签收投诉
发货时间 2018-04-23/2018-05-08
发货城市 全部
到达省份 全部
筛选
清除筛选
物流公司 全部
单号/旺旺 运单号/买家旺旺
处理状态 未处理
发货时间
派件时长
物流公司
运单信息
买家旺旺
订单信息 筛选
快递异常原因
备注
操作

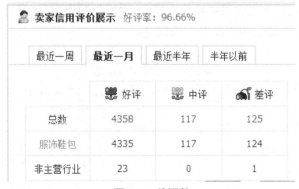

图 2.5　查看物流信息

（5）卖家自身原因

卖家自身原因是由于卖家失误而导致的产品发货错误等问题。如图 2.6 所示，由于客服人员不细心或者其他原因把一件原买家退回的产品发送给了新买家，当新买家收到这种产品后可能会给店铺中差评，间接地降低店铺的转化率，这种情况需要售后客服的有效沟通去解决，同时店铺工作人员在发货之后前应该对产品进行有效的检查。

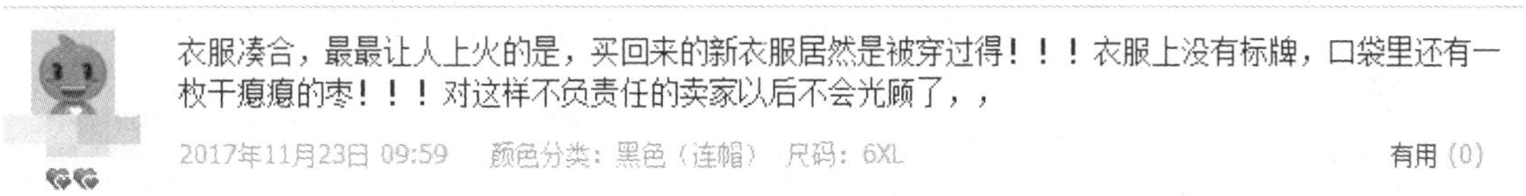
衣服凑合，最最让人上火的是，买回来的新衣服居然是被穿过得！！！衣服上没有标牌，口袋里还有一枚干瘪瘪的枣！！！对这样不负责任的卖家以后不会光顾了，，
2017年11月23日 09:59　颜色分类：黑色（连帽）　尺码：6XL
有用（0）

图 2.6　客户评论

（6）产品售后

售后是卖家提供的服务，服务分为两种，一种是客户对产品不满意联系客服处理，要求退换货；第二种是客服在客户签收一段时间后，去询问客户的使用体验等。在售后时，客服一定要认真对待，尽可能去解决问题，售后问题处理不好客户可能会给打中差评。如图 2.7 所示，某店铺最近一月差评总数有 125 条，买家看商品时，大多数喜欢看评论，在看过之后可能就会打消购买积极性，从而降低卖家的产品转化率。

卖家信用评价展示　好评率：96.66%

最近一周　最近一月　最近半年　半年以前

	好评	中评	差评
总数	4358	117	125
服饰鞋包	4335	117	124
非主营行业	23	0	1

图 2.7　差评数

3. 优化产品应用

当店铺出现中差评以及客户退换货增加等问题时,图 2.8 是某商家出售的一款女士轻薄羽绒服的评价,说明产品本身可能是存在问题的。

七号发的货现在还没有收到,也不给解决没收到就显示交易成功了什么呀这是
2017年11月24日 20:54　颜色分类:黑色（连帽）　尺码:2XL　　　　　　　有用 (0)

超级差,有鸭味不说,还老掉毛,弄得我全身都是鸭毛,感觉像进了鸭堆里似的,说实话,要不是嫌麻烦,我早就把它退了,还真的不能贪便宜,而且这也要一百多,一点都不值得这个价,劝你们一句,别买了
2017年11月24日 16:25　颜色分类:黑色（连帽）　尺码:L　　　　　　　有用 (0)

质量不好,用洗衣机洗,羽绒服里面内胆全部跑到。

2017年11月24日 12:37　颜色分类:白色（连帽）　尺码:2XL　　　　　　　有用 (0)

衣服凑合,最最让人上火的是,买回来的新衣服居然是被穿过得！！！衣服上没有标牌,口袋里还有一枚干瘪瘪的枣！！！对这样不负责任的卖家以后不会光顾了,,
2017年11月23日 09:59　颜色分类:黑色（连帽）　尺码:6XL　　　　　　　有用 (0)

服务态度差,快递慢
2017年11月23日 09:19　颜色分类:黑色（连帽）　尺码:2XL　　　　　　　有用 (0)

特意洗过以后才来评价,一洗后,棉都一坨一坨的。
2017年11月23日 08:31　颜色分类:驼色（连帽）　尺码:XL　　　　　　　有用 (0)

特地穿了才来评价,出毛,这是最不满意的！别来喊我改评价,我很少差评,本想着上百了,怎么也不能出毛吧,结果还真的出毛
2017年11月22日 21:12　颜色分类:黑色（连帽）　尺码:3XL　　　　　　　有用 (0)

图 2.8　客户评价

评价中有客户提到收到的衣服是被穿过的、快递慢等问题,那么针对这些问题就应该做出针对性的改进,如表 2.1 所示,为产品存在的问题。

表 2.1　产品存在的问题

产品出现的问题	快递	卖家自身原因	产品售后	产品材质	产品包装	产品工艺
衣服被穿过		√				
快递慢	√					
客服服务态度差			√			
质量问题				√		

针对以上出现的问题,提出以下改进的建议:

①卖家自身的原因:需要卖家检讨反省自己,是由于工作不认真或其他原因出现的错误;

②快递问题:商家可以去与快递联系,催促快递,或者换一家快递公司;

③产品售后问题:服务态度差问题,这一问题是卖家自己可以解决的,在和买家交流时,快速回复消息,言辞恰当、语气真挚,这样是不会被留下差评的;

④质量问题:需要商家去询问进货公司,并且在进货时检查仔细。

在你学习了产品优化之后,如果需要你对这一产品进行优化,你会采用什么方法呢?

技能点 2　精准流量优化

1. 精准流量优化简介

精准流量优化是对流量进行划分,对不同的人推荐不同的产品。精准流量也是千人千面。具体来说,就是根据个人的行为习惯(经常浏览的产品、购买过的产品以及消费水平等)匹配、推荐适合的产品。在淘宝网使用同一关键词进行两次或两次以上搜索,搜索结果并不是完全一样的,这就是千人千面导致的。精准流量的优化可以使浏览店铺的客户购买的概率变大,提升店铺的销量以及转化率。

2. 精准流量优化要点

淘宝首页的热卖单品、必买清单、猜你喜欢等窗口都是根据客户最近的浏览、收藏、购买等一系列的行为习惯推荐合适产品,卖家想要获得更多的精准流量,就必须了解买家的基本情况。如图 2.9 所示,精准流量优化需要去分析客户的年龄、性别占比、职业分布、搜索偏好以及达摩盘人群标签。

图 2.9　精准流量优化要点

(1)性别、年龄占比

性别、年龄占比是通过查看店铺访客的基本信息,了解店铺访客性别、年龄占比是否符合策划目标(店铺运营前对于店铺各方面的计划),如果不符合,就需要针对优化,使店铺的产品、服务等方面符合店铺访客的喜好。如图 2.10 所示,可以了解到搜索连衣裙的女性居多,并且年龄主要在"18-25 岁"之间。商家可以把策划目标与这一结果进行对比,从中发现问题,进行优化。

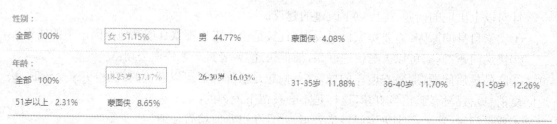

图 2.10　性别年龄占比

（2）职业占比

职业占比是查看店铺访客中各职业的人占比多少，职业占比间接地表达了产品的目标人群，目标人群对于转化来说非常重要，了解客户的职业占比是否与预期计划相同，如果不符合预期的目标人就需要进行优化。如图 2.11 所示，可以看到购买连衣裙的职业分布图中，学生占比最高。

图 2.11　职业占比

（3）搜索偏好

搜索偏好是客户的真实需求。经常关注搜索偏好可以了解到客户的精准需求，那么店铺可以对应的进行优化，吸引更多的客户。如图 2.12 所示，人们在搜索连衣裙时会根据自己的需求去搜索，例如想要的品牌、流行元素等。商家可以关注客户的搜索偏好，从而对产品的关键词、标题等进行优化。

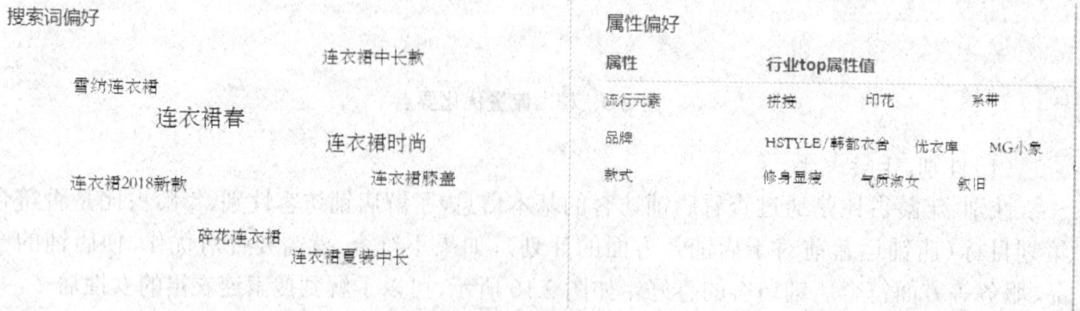

搜索词偏好		属性偏好			
	连衣裙中长款	属性	行业top属性值		
雪纺连衣裙		流行元素	拼接	印花	系带
连衣裙春		品牌	HSTYLE/韩都衣舍	优衣库	MG小象
	连衣裙时尚	款式	修身显瘦	气质淑女	做旧
连衣裙2018新款	连衣裙膝盖				
碎花连衣裙					
	连衣裙夏装中长				

图 2.12　搜索偏好

（4）达摩盘人群标签

达摩盘是阿里妈妈基于商业化场景打造的数据管理合作平台,拥有消费行为、兴趣偏好、地理位置等众多数据标签。推广需求使用达摩盘可以实现对各类人群的洞察与分析、对潜在客户的挖掘,通过标签市场快速圈定目标人群,建立个性化的客户细分和精准营销,最终在第三方服务应用市场,解决个性化的营销需求。

每个标签的点击转化情况不尽相同,所以需要测试,这一步做钻石展位是不能省去的,最终以点击率和回报率来留下真正适合自己店铺的人群才是真正有利于自然流量提升的。达摩盘标签如图 2.13 所示。

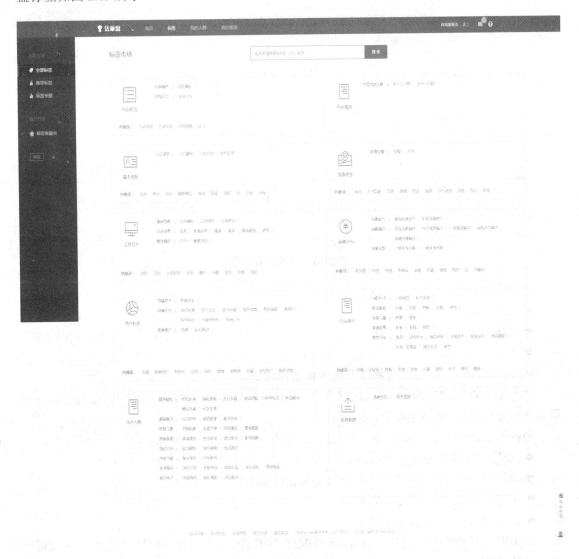

图 2.13　达摩盘标签

3. 买家人群画像

买家人群画像包括性别、年龄占比、地理位置爱好占比、会员等级等,通过生意参谋即可查看。买家人群画像构成了店铺的标签,店铺标签不是短期之内形成的,而是长期作用的结果。

所以想要了解自己的店铺标签,或者给自己店铺打上不错的标签,就要对数据做出统计。如果一个店铺的标签没打好,引入的流量和标签不匹配,引进流量不精准,转化就无从谈起。店铺标签形成主要是通过每天的访客情况和已购客户的情况形成,所以每一个进店的客户都会对店铺造成潜移默化的影响。

①购买产品的人群的信息数据构成了买家人群画像,通过买家人群画像可以分析出性别、年龄、地域、价格段等数据,最终与策划目标对比。

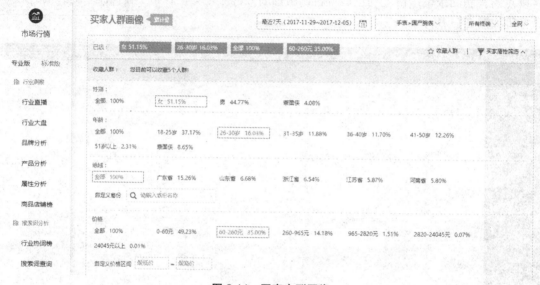

图 2.14　买家人群画像

根据图 2.14 中可以分析出以下几点:
- 女性占比较高;
- "18—25"年龄段的人占比较高;
- 广东省的买家人群占比较高;
- 购买"60—260"这一价格区间的人群占比较高。

②买家人群画像的职业占比、淘气值分布、省份分布排行、城市分布排行可以通过图 2.15 所示进行分析总结,最终与策划目标对比。

根据图 2.15 中可以分析出以下几点:
- 职位占比最高为公司职员;
- 淘气值在"601—800"之内的支付买家占比最多;
- 广东省的支付买家占比最多;
- 广州市的支付买家占比最多。

③买家人群画像搜索词偏好、产品属性偏好、价格段、购买周期可以通过图 2.16 所示做出分析总结,最终与策划目标对比。

图 2.15　买家人群画像

图 2.16　买家人群画像

图 2.16 中可以分析出以下几点：

● 买家人群的搜索词偏好，如雪纺连衣裙、连衣裙春等；
● 买家对流行元素、品牌等方面的爱好；
● "115—220"这一价格段支付买家数占比最多；
● 买家在近 90 天内几乎全部购买一次。

卖家最终会根据分析出的问题进行调整优化，使店铺良好的发展运营下去。

技能点 3   产品页面优化

1. 产品页面优化简介

产品页面优化是对产品展示图片的优化。在淘宝搜索产品时，产品是以图片的形式展示给客户，产品给客户的第一印象直接影响到产品的点击率，间接的影响产品的曝光率，从而影响整个产品的转化率。

在淘宝平台上，众多同类宝贝在竞争，要想让客户感受到宝贝的与众不同，需要在图片上区别于其他产品。这是一个眼球经济的时代，抓住别人的眼球你就获得了初步的成功。

2. 页面优化要点

产品页面由产品主图页面与产品详情页面构成，所以产品页面优化主要有两点：主图优化与详情页优化，如图 2.17 所示。

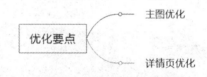

图 2.17   页面优化要点

（1）主图优化

淘宝商品主图对于店铺来说就是一个门户，是对所销售商品的一种最直接的视觉展示方式，想要让客户点击进来并达成交易，就要有一个与众不同的主图界面，吸引客户进店。主图是否吸引客户直接影响到点击率，间接影响到转化率。主图优化需要注意以下几点：

①优化主图首先要充分了解产品的特点以及卖点，将产品特点、卖点直接在主图中体现，快速引导客户进行转化。例如火鸡面的产品特点是辣、韩国进口，所以在设计火鸡面的主图时应把这些特点体现出来。如图 2.18 所示。

¥23.99 包邮　　　　　60980人收货

韩国火鸡面三养超辣方便面进口辣鸡面特辣
速食泡面整箱拉面干拌面

☰ 谷色食品专营店　　　　江苏 连云港

¥22.90 包邮　　　　　47408人收货

特辣正宗三养火鸡面韩国超辣方便面进口泡
面辣鸡面干拌面整箱批发

☰ 盛源来食品专营店　　　　山东 青岛

图 2.18　火鸡面主图

②了解客户的需求,以及产品对客户的价值。在了解之后,就可以根据客户的要求去制作主图,能够更好地吸引客户,间接提升产品转化率。例如,在淘宝上购买食品,客户在买的时候考虑最多的是食品质量的问题,如图 2.19 所示,右侧商家在推广方式上明显比左侧商家好,其在主图展示了产品的卖点"变质包赔",直接的解决了客户最关心的问题。

¥13.90　　　　　1065人付款

唐人基有心年糕(咸蛋黄馅原味)200g 米糕
条 韩国炒年糕 火锅食材

☰ 天猫超市生鲜店　　　　上海

¥36.80 包邮　　　　　7029人付款

韩国部队火锅食材韩式火锅套餐韩国部队锅
材料芝士年糕火锅套餐

☰ 丽人养生荼饮馆　　　　浙江 嘉兴

图 2.19　食品主图对比

③主图不要有"牛皮癣"（牛皮癣是指在宝贝主图上标注推广语，如秒杀、特价等），牛皮癣图片将会影响到搜索排序结果。主图需要添加文字可以利用第三方插件实现。

（2）详情页优化

产品详情页是将商品更详细的信息加以说明。详情页表达的好坏直接影响客户是否了解产品，并决定着客户是否购买。以下为商品详情页优化：

①买家对很多不同类型的商品都有图片需求，原因是图片信息能更直观的传达信息给客户。因此，要做好宝贝详情页的优化，宝贝图片信息是必不可少的，而且要保证图片的全面，比如：有细节图、实拍图、展示图等，都能让客户全面的了解我们的商品，只有了解了产品才能有效提高转化率。需注意，不要堆积过多的图片或是图片过大，以免影响页面的打开速度。

②详情页是影响转化率的重要因素，要做好宝贝详情页的优化，就要对买家有足够的了解。例如客户购买食品类的商品时都会害怕产品变质或在运输过程中受损，如图 2.20 所示的详情页，根据客户经常提出的问题进行回答，可以增加客户购买欲望。

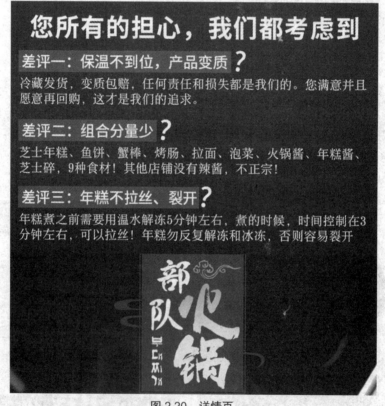

图 2.20　详情页

3. 产品主图详情页应用

产品页面优化直接或间接的使宝贝权重提升或转化率提升，最终达到产品页面优化的目的。例如，销售梨的商家，在发布产品时，应该怎样使产品的主图与详情页更吸引客户呢？以下为优化详情。

商品主图主要是写出产品的卖点，让客户看到产品的优点，点击浏览商品，进而实现转化。如图 2.21 所示，商家在商品主图直接说明产品的卖点"不甜包赔"。简单的说明了产品的卖点

"甜",而这一卖点也是买家非常关注的。

图 2.21　"不甜包赔"

详情页主要从买家的角度出发,对买家的问题做出解答,其详情页主要分为以下三部分:

第一部分,如图 2.22 所示,说明产品表面可能会有果斑,属于正常现象。这样说明买家在收到货时,即使产品上有个别的斑,也会了解是什么原因。

图 2.22　"果斑"

第二部分,如图 2.23 所示,绿色食品保证书,说明产品安全无害,可以放心的买回家食用。

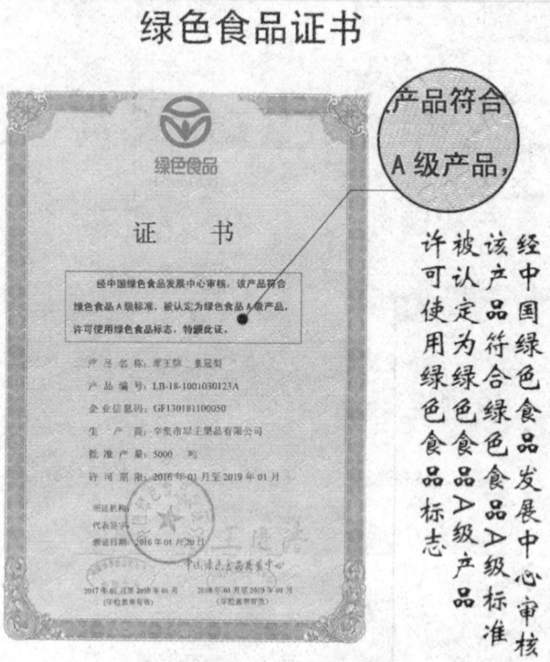

图 2.23   "绿色食品证书"

第三部分：如图 2.24 所示，"坏果包赔，售后无忧"。买家在买水果类产品时，最担心的问题就是水果在运输过程中会受到损坏，而商家在详情页中明确表达坏果包赔，可以打消买家购买时的心理负担，放心购买。

图 2.24   "坏果包赔"

在学习了本技能点之后，如果需要你对于这一产品的主图与详情页进行优化，你会怎样进行优化呢？

技能点4　产品促销提升转化率

大部分商家在淘宝运营过程中都知道,流量对于店铺来说很重要,但有时会过于重视流量,忽视了把流量转化为销量。流量固然很重要,但是引进的流量转化不成销量,又有何意义呢? 直接的说,商家开店最终的目的是为了利润,没有销量哪里来的利润。因此,对于商家来说,如何把引进店铺的流量转化为销量,是非常重要的一步。

1. 促销方式

在店铺运营过程中,想要把流量转化为销量,需要抓住进店浏览客户的眼球,使客户对产品产生购买的欲望。商家一般会通过促销方式促进买家的购买欲望。促销方式有以下几种:限时打折、满就包邮、满就送礼物、多买多优惠、搭配套餐、团购秒杀。如图2.25所示。

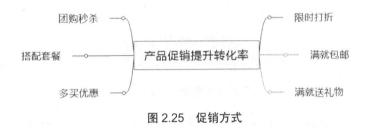

图2.25　促销方式

（1）限时打折

限时打折是客户在规定时间范围内购买产品,可享受打折的活动。打折活动是对买家最直接的刺激,一般情况下碰到打折活动,大部分客户都会选择进行购买。至于活动要打几折,这个要根据商家自身的情况来设置。在打折促销时也要给活动取个好名字,例如庆祝五一、国庆大促销、季末清仓等活动名称,更能刺激买家的购物欲望。限时打折的设置步骤如下:

第一步:打开第三方插件"美折",在美折首页面,点击"活动创建",选择其中的第一项"折扣减价",如图2.26所示。

图2.26　美折选择"折扣"

第二步：点击"活动减价"跳转至设置页面，在如图 2.27 所示的界面中，设置活动信息，其中包括价格标签、开始结束时间、优惠情况等，根据商家自身情况填写即可。

图 2.27　设置活动信息

第三步：选择活动商品，在"出售中"与"仓库中"选择需要做活动的商品，在做活动的商品后点击"选择商品"即可，如图 2.28 所示。

图 2.28　选择活动商品

第四步：设置商品折扣，在"打折（元）""减价（元）""减后（元）"三项中任选其一填写，系统会自动核算其他两项，如图 2.29 所示。在设置完成之后，点击"完成并提交"，此商品就开始打折促销了。

图 2.29　设置商品折扣

（2）满就包邮

满就包邮是在同一店铺购买金额达到要求即可享受包邮的服务活动。现在大部分客户在买东西时都喜欢包邮的商品，此活动可以使客户为享受包邮活动而多购买商品，进而提高店铺的销量。例如零食大咖设置全店满 68 元包邮，设置后活动模板安装到参加活动的宝贝详情上面，起到广告的作用。如图 2.30 所示。

图 2.30　满 68 包邮

满就包邮活动的设置步骤如下：

第一步：打开第三方插件"美折"，在美折首页面，点击"活动创建"，选择其中的第四项"全店满减 / 包邮"，如图 2.31 所示。

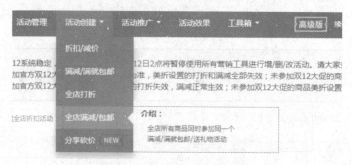

图 2.31　美折首页选择包邮

第二步：点击"全店满减／包邮"跳转至设置页面，在如图 2.32 所示的界面中，设置活动信息，其中包括价格标签、开始结束时间、优惠情况等。

| 1. 设置活动信息 | 2. 选择活动商品 | 3. 设置活动详情 | 4. 完成 |

全网营销工具优惠规则重大升级，请点此重点关注，避免出现亏损，点击查看官方公告>>，小美教您如何轻松应对，点击查看美折操作指南>>

活动标签	满就包邮 ∨	点这里自定义	2 到 5 个字，只在宝贝描述内的海报橫幅中显示
开始时间	2018-05-14 20:20		自定义开始时间
结束时间	2018-07-03 20:20		自定义结束时间（当前活动时长 50 天）
活动备注	满减 180624		2 到 30 个字，只在美折中显示

图 2.32　设置活动信息

第三步：选择活动商品，在"出售中"与"仓库中"选择需要做活动的商品，在做活动的商品后点击"选择商品"即可，如图 2.33 所示。

| 出售中　仓库中　已选择 (0) | | 您还可以选择 300 个商品 |

| 按店铺分类选择 ∨ | 橱蜜推荐 | 关键字、商品 ID、商品链接、商家编码 | 搜索商品 |

默认 ↓　最后修改 ↓　最新上架 ↓　销量 ↓　库存 ↓

全选本页 □ 隐藏已在满减活动中的商品　　　　1/2 ‹ › 到第 1 页 确定 每页 20 ∨ 个

韩国进口 麦馨白金咖啡 三合一速溶浓郁原味咖啡 1100g100条礼盒装
86.80 元 　选择商品

[韩国农心炸酱面] 韩国农心炸酱面 韩式黑色拉面泡面煮面方便速食干拌面 700g 5包装
28.80 元 　选择商品

[麦斯威尔三合一原味速溶咖啡] 韩国进口 麦斯威尔咖啡 三合一原味浓郁速溶咖啡粉 1180g 100条装
56.90 元 　选择商品

[韩国三养双倍火鸡面] 韩国进口三养双倍辣核弹火鸡面 干拌面煮面拉面速食方便700g5包装
29.80 元 　选择商品

进口咖啡粉韩国麦斯威尔学生速溶冲饮三合一摩卡原味20条礼盒装
20.50 元 　选择商品

[咖喱火鸡面] 韩国进口咖喱三养火鸡面 煮面泡面炒面干拌面速食方便700g5包装
29.80 元 　选择商品

图 2.33　选择活动商品

第四步：设置满多少元包邮，根据店铺情况填写满多少元，并且在包邮前打"√"以及设置包邮地区即可。如图 2.34 所示。

图 2.34　设置满多少包邮

（3）满就送礼物

满就送礼物是指在同一店铺购买金额达到要求即可得到礼物的活动。如图 2.35 所示，购买火鸡面即送火腿肠两根。

图 2.35　送火腿肠

客户在买商品时为了得到赠送的礼物而选择加量购买商品，在这里价格的设置是有技巧的。例如店铺宝贝价格大部分在 98 元左右，设置满就送礼物活动时可以把价格设置成满 108元送礼品，这时只要再购买一件小商品就可以送礼物，相反如果把满就送的价格定在 98 元，这样就不会使消费者产生继续购买的欲望。此外，送的礼物也可以设置成店铺的优惠券，这样就为二次销售做好了铺垫，也有利于店铺的长期发展。满就送礼物设置方式如下：

第一、二、三步可参照满就包邮活动的设置方式。

第四步,设置满多少元送礼物,根据店铺情况填写满多少元,并且在送礼物钱打"√"以及选择礼物的种类即可。如图 2.36 所示。

图 2.36　设置满就送礼物

(4)多买多优惠

多买多优惠是通过设置多层优惠做打折或者减价的促销活动方式。如图 2.37 所示,满299 减 30 元、满 499 减 50 元。此活动利用客户想要得到更大优惠的心理,刺激客户购买多种商品,大大提高店铺的销量。

图 2.37　多买多优惠

多买多优惠活动可以通过全店满多少元减多少元设置来实现。其设置方式如下:

第一步:可查看满就包邮送礼物活动设置方式。

第二步:填写活动基本信息,其包括活动标签、开始时间、结束时间等。其活动范围为全店产品,所以不需要选择活动产品。如图 2.38 所示。

图 2.38　活动基本信息

第三步:填写优惠信息,满多少元减多少元,根据店铺实际情况进行填写即可。如图 2.39 所示。

图 2.39　设置优惠信息

(5)搭配套餐

搭配套餐是将多个商品搭配在一起打折销售的活动,通过搭配套餐可以让客户一次性购买多种商品,提高店铺的销量与交易额,增加产品的曝光度。搭配套餐活动的设置方式如下:

搭配套餐活动可以通过第三方插件火牛来实现,火牛可以在服务市场中购买,如图 2.40 所示。

图 2.40　火牛插件

第一步:打开第三方插件火牛,在火牛首页中,点击"装修素材",选择其中第一项"关联模板",如图 2.41 所示。

图 2.41　装修素材

第二步：点击"关联模板"之后，跳转到"模板样式"页面，根据店铺自身的情况，选择模板样式，如图 2.42 所示。

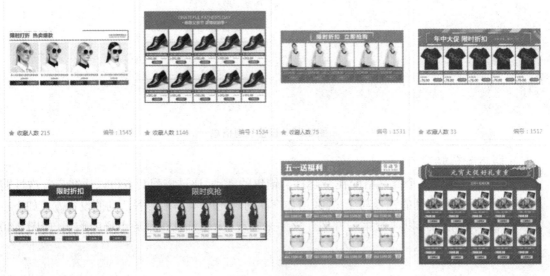

图 2.42　模板

第三步：编辑素材，拖动图片可以重新排序也可以根据自己的需要更换图片。如图 2.43 所示。

图 2.43　更换图片

　　第四步：属性设置，包括图片尺寸、模板列数、模板行数等，根据店铺产品的情况填写即可。如图 2.44 所示。

图 2.44　属性设置

（6）团购秒杀

团购秒杀活动通过设置参团人数和倒计时，让买家看到此活动后产生参团欲望，造成时间的紧迫感，让其快速下单购买。如图 2.45 所示。

图 2.45　团购秒杀活动

团购秒杀活动通过淘宝群聊活动设置。其设置具体步骤如下：

第一步：在淘宝网中，进入"卖家中心"，找到"营销中心"的"拼团"，如图 2.46 所示。

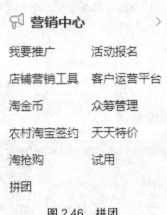

图 2.46　拼团

第二步：创建拼团活动，如图 2.47 所示。

图 2.47　创建活动

第三步：填写活动基本信息，活动名称、活动时间、结束时间、选择商品、优惠价、成团人数，如图 2.48 所示。

图 2.48 填写信息

第四步：查看活动，输入活动名称以及创建时间，点击"搜索"即可查找到活动。如图 2.49 所示。

图 2.49 查看活动

第五步：查找到活动之后，复制淘口令发布到淘宝群即可，如图 2.50 所示。

图 2.50 复制淘口令

对主图视频打标

（1）打标简介

在最新版手机淘宝中，商品主图与视频做了剥离，视频作为单独一个模块展现在最前面的位置，并且商家可以对主图视频进行打标，打标是对视频各阶段讲解的内容打上相应的标签。

目前打标权限开放对象是天猫商家（以最新规则为准）。

（2）对主图视频打标的作用

打好标的商品，消费者可以通过滑动或者点击标签，快速观看感兴趣的视频。而对商家来说，能将商品的卖点更加清晰的通过视频表达。如图 2.51 所示。从两张新旧版的对比图中我们也可以发现，新版主图视频信息更清晰，内容更容易被找到。

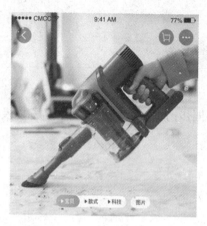

图 2.51　新旧版视频比较

（3）打标步骤：

第一步：进入"天猫商家中心"→"宝贝管理"→"出售中的宝贝"（同样，您也可以对新发布宝贝的视频进行打标操作）。如图 2.52 所示。

我的工作台	商家成长	天猫智库	天猫早知道	天猫规则	喵言喵语
我购买的服务　>	我是卖家 > 宝贝管理 > 出售中的宝贝				

图 2.52　出售中的宝贝

第二步：进入重图视频管理区域，重新上传主图视频，点击"从视频空间选择"。如图 2.53 所示。

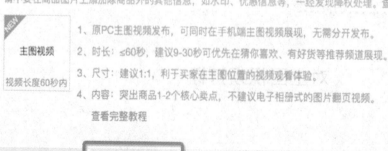

图 2.53　上传视频

第三步：可以选择已经在素材中心上传的视频，或重新上传视频（新上传可能会滞后，建议提前在素材中心上传完毕再来操作），视频时间在 60 秒之内。如图 2.54 所示。

图 2.54 上传视频

第四步：选择视频后，会出现可增加标签的视频时间轴，定位到相应时间点，点击增加标签即可（第一个标签要从第一秒开始）。如图 2.55 所示。

图 2.55 增加标签

增加标签（此处有"反馈标签"入口，小二会定期对高频反馈词进行审核及同义词合并，为消费者提供有行业共性与认知的标签）如图 2.56 所示。

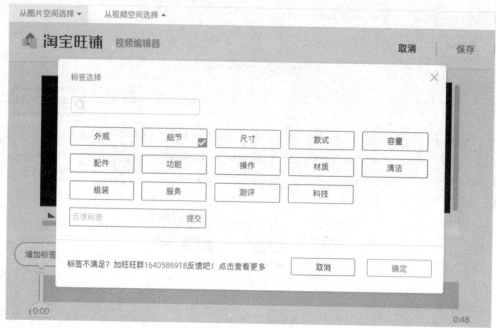

图 2.56　标签

第五步：依次完成打标，在适配预览框内可预览每段标签定位的锚点。打标完毕后点击"确认修改"商品设置，并对修改进行保存，如图 2.57 所示。

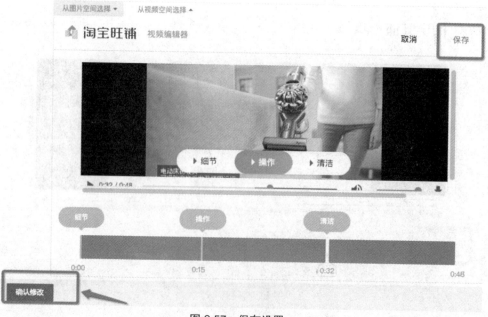

图 2.57　保存设置

【拓展目的】

为了提升产品的转化率。

【拓展内容】

倒计时宝箱是客户观看产品时的利益产品,商家可以针对视频设置优惠券,消费者观看视频即可领取。

目前倒计时宝箱权限仅对部分商家开放,(以最新规则为准)天猫支持 10 万双十一会场商家,集市支持视频播放 top1.6 万商家。 样式呈现如图 2.58 所示。

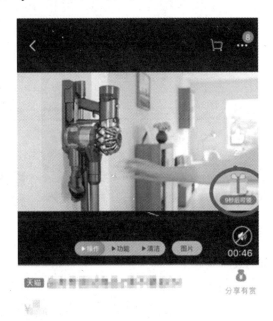

图 2.58　倒计时宝箱

【拓展步骤】

宝箱设置步骤。

第一步:打开"天猫商家中心"→"出售中的宝贝"→"编辑宝贝"(集市商家进入卖家中心),如图 2.59 所示。

图 2.59　编辑宝贝

第二步：找到"主图视频"模块，选择"从视频空间选择"，选择相应上传好的视频或者重新上传视频，点击"确认"。如图 2.60 所示。

图 2.60　上传视频

第三步：选择倒计时宝箱，添加优惠券（可以选择大于 20% 的优惠券），并且支持设置优惠券的开始及结束时间，设置倒计时长，可选 10 秒、20 秒、30 秒，确认信息无误后，右上角点击"完成"即可，倒计时宝箱在主图视频播放后展现。如图 2.61 所示。

1、原PC主图视频发布，可同时在手机端主图视频展现，无需分开发布。

2、时长：≤60秒，建议9.30秒可优先在猜你喜欢，有好货等推荐频道展现。

3、尺寸：建议1:1，利于买家在主图位置的视频观看体验。

4、内容：突出商品1-2个核心卖点，不建议电子相册式的图片翻页视频。

查看完整教程

图 2.61 设置优惠券

本任务介绍了产品优化、精准流量优化、产品页面的优化、产品促销提升转化率等知识点,通过本章节的学习可以了解到转化率是什么,提升转化率对于店铺有什么好处,能够掌握提升产品转化率的方式方法,在学习之后能够对店铺进行各种优化提升转化率。

促销	promotion	服务	service
转化	conversion	建议	suggest
折扣	discounts	包装	package
宝箱	treasure box	材质	material

一、选择题

1. 产品质量有问题通过产品自身的优化能够提升产品的转化率,下列哪个选项不属于产品自身优化（　　　）。

A. 产品材质　　　　　　　　　　　　B. 产品工艺

C. 产品包装　　　　　　　　　　　　D. 售后服务

2. 一个月内在同一个卖家店内买了7件不同的商品确认收货评价后有几个评价计分（　　　）。

A.3　　　　　　　　　　　　　　　　B.7

C.5　　　　　　　　　　　　　　　　D.6

3. 一个月内在同一个卖家店内买了7件不同的商品确认收货评价后有几次动态评分（　　　）。

A.3　　　　　　　　　　　　　　　　B.7

C.5　　　　　　　　　　　　　　　　D.6

4. 产品卖出去之后需要给客户邮寄产品,下列哪个省份的运费最贵?（　　　）

A. 陕西　　　　　　　　　　　　　　B. 海南

C. 新疆　　　　　　　　　　　　　　D. 云南

5. 产品上传主图视频能够更直观的让客户了解产品,视频几秒内可以免费使用到主图视频中呢?（　　　）

A.9　　　　　　　　　　　　　　　　B.7

C.5 D.6

二、上机题

1. 策划手机这个产品的主图视频,拍摄并制作主图视频。

第三章　淘宝水果类目苹果免费引流

通过运用工具辅助分析数据并对宝贝基础模型设置，了解 SEO 优化概念，熟悉优化的各种方式，掌握各方面优化的方法，具备 SEO 优化的能力。在任务实现过程中：

- 了解 SEO 优化概念。
- 熟悉 SEO 优化模型种类。
- 掌握营销策略种类和运用方法。
- 具备 SEO 优化的能力。

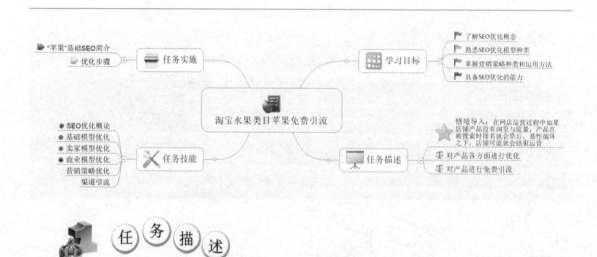

【情境导入】

在网店运营过程中如果店铺产品没有浏览与流量，产品在被搜索时排名就会靠后，恶性循环之下，店铺可能就会结束运营。因此，在网店运营时期，我们需要了解 SEO 优化的各个模型以及其优化的方式方法等，这样才能使我们的店铺得到更多的流量，从而使推广更加顺利，效率更高。本章节主要通过对产品基础模型的设置知识点的介绍,学习如何利用各种优化对产品进行免费的引流,达到优质的推广效果。

技能点 1　SEO 优化概论

淘宝搜索引擎是一种商品检索机制,淘宝系统把所有产品按一级类目,二级类目,三级类目详细属性区分开,有的类目分级多,有的分级少,如图 3.1 所示。例如服饰属于一级类目;在服饰下可以分为外套、上衣、裤子等二级类目;而外套又可以根据产品标题与属性划分为冲锋衣、夹克等。

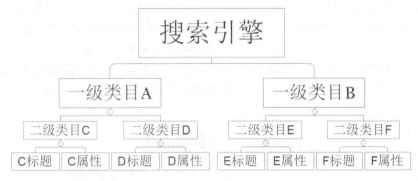

图 3.1　商品类目

当客户搜索关键词,如"冲锋衣",系统就会沿着一级类目"服饰"找到二级类目"外套",然后找到三级类目"冲锋衣"相关属性并找到产品中含有这个关键词的几十万个产品,最后把这些产品降序排列。

淘宝自然搜索根据产品的权重值,对其降序排列,排列其前 4 400 个宝贝。根据 SEO 影响因素建立的模型如图 3.2 所示。金字塔模型,由上向下权重占比依次增加。本章节根据权重占比大小依次讲解各模型优化。金字塔最底层是优先筛选的模型体系,其优先级最高,产品基数最大,如包含某个关键词的产品总数是 10 万个,首先根据底层模型找出前 5 万名的产品,然后根据第二层模型筛选前 1 万名的产品,最后根据第三至七层模型筛选排出前 4 400 个产品。

图 3.2   金字塔模型

淘宝对于权重值的设定很隐晦,因为权重看不见摸不着,没有具体定义解释,只能通过经验来摸索假设。我们可以用比喻来诠释权重的意思,淘宝搜索引擎的排名就像是一场永不停息的考试,我们不断运用不同的运营手段,提高各项数据来增加分数,比如客户的一次点击增加 1 分,一次收藏增加 2 分,一次转化增加 20 分,老客户的再次购买可能增加 35 分,若干项加起来就是我们的总分数,分数高者获得排名就越高也就是权重值越高。如图 3.3 所示。

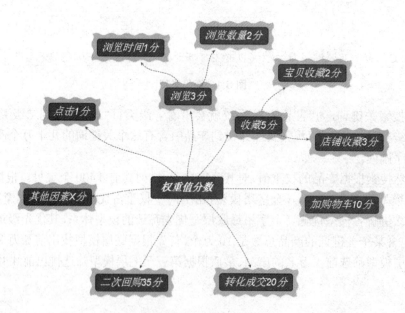

图 3.3   权重值构成

淘宝系统十分复杂,影响权重的因素非常多,而且每项权重值有多有少,无数个 1 分汇聚起来也是个很庞大的数值。淘宝把所有同类目宝贝分数汇总,实时排出名次,根据排名依次出现在有搜索行为的客户视野中,然后才会有点击、浏览等行为,淘宝上千万的卖家,1分之差可能就会差距很多排名。所以不能放过任何一个有可能影响权重的因素,能想到,能做到的一定要去做,还要做到最好。

　　SEO优化可以增加宝贝在淘宝搜索引擎中的权重值,从而获得更好的排名,最大限度的吸取站内免费流量,有了流量就是有了客户,有了客户才会有购买行为,有了购买行为才会有成交额,成交额高了卖家才会有利润。不论实体店铺,还是电子商务,都是为了利润。所以一切利润的前提是通过SEO优化吸引流量的多少。

　　SEO包含的因素非常多,不限于前面提到的因素,所以需要不断的挖掘学习积累经验,下面我们以苹果为例子具体分析影响SEO权重的因素,学习每个SEO优化模型的定义和作用,学会如何运用各个模型优化引流。

技能点2　基础模型优化

1. 基础模型简介

　　基础模型优化是淘宝搜索引擎检索机制最底层,其主要作用是使产品标签匹配消费者搜索标签。只有两者对等起来,淘宝才会把产品展现给消费者,消费者才能通过搜索引擎搜索到我们的产品。

　　基础模型的权重值得分是产品在淘宝搜索引擎的及格线,虽然淘宝内同一类产品多达上百万个,但是真正可以获得展现机会的产品只有几万个,能不能获得展现是SEO优化的第一步。

2. 优化类型

　　基础模型包括规则、类目、标题、宝贝属性、关键词以及买家模型,如图3.4所示。下面通过对每个模型的分析讲解,学习如何运用各个模型优化引流。

图3.4　基础模型

（1）遵守规则

　　无规矩不成方圆,无论卖家或者买家都要在遵守淘宝平台规则的前提下进行正常的商业活动。淘宝一直提倡的是公平竞争、反对不正当手段提升各项数据,如若违反则会被降权、屏蔽、删除商品、封闭店铺。淘宝规则很多也很复杂,详见 rule.taobao.com,如图3.5所示。所以一定要注意规避,避免违规扣分,扣分越少对店铺产品越有利,淘宝喜欢遵纪守法的好卖家。

图 3.5　淘宝规则页面

（2）类目模型优化

淘宝根据每个关键词买家搜索的次数和关键词类目转化率来决定优先展示类目（类目是淘宝检索系统的前提和基础，所以权重占比很高），这样才能最大化保证买家能够快速地找到自己想要找的宝贝，因此优化类目很重要。我们发布宝贝时最好发布在最佳类目，因为在最佳类目的宝贝会被优先展示。（查找最佳类目的方法查看第一章节）

（3）标题优化

标题是一系列关键词组合而成的产品名字，是产品获得展现的前提，如果标题包含客户搜索的关键词，产品就能获得展现，有了展现才有可能获得点击、浏览、成交等一系列成果，所以标题的好坏直接影响产品数据，标题优化非常重要。

标题制作原则：科学找词、避开极限词、精准相关性、最大限度引流、精简组合选词、语句通顺。标题优化是一个长期过程，需要不断挖掘上升潜力词，淘汰表现不好的关键词。

（4）宝贝属性优化

宝贝属性在发布宝贝时设置，是淘宝搜索引擎对于标题的一种补充，用于宝贝更细化的检索，包括规格、颜色、品牌、产地、材质、工艺等，让客户更快、更精准地找到想买的宝贝。所以我们填写的越详细越有利于宝贝吸引精确流量，每种行业的属性不同，具体行业具体对待。如图3.6 所示为淘宝搜索引擎关于苹果的属性选择页面。

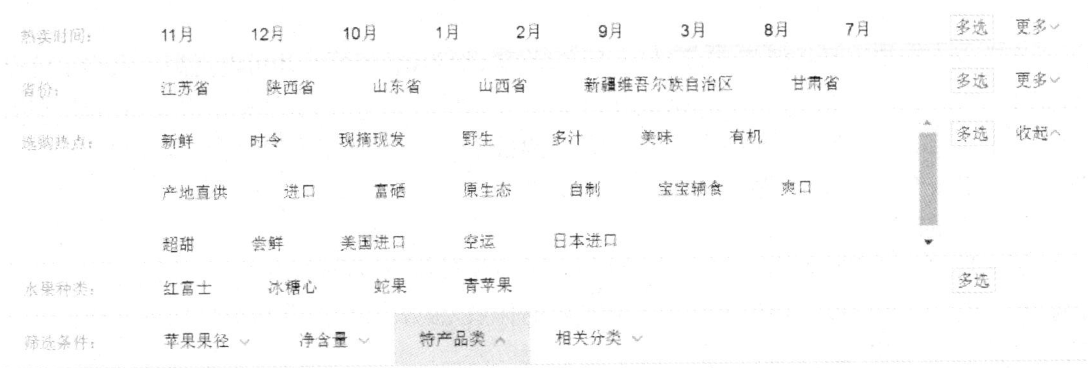

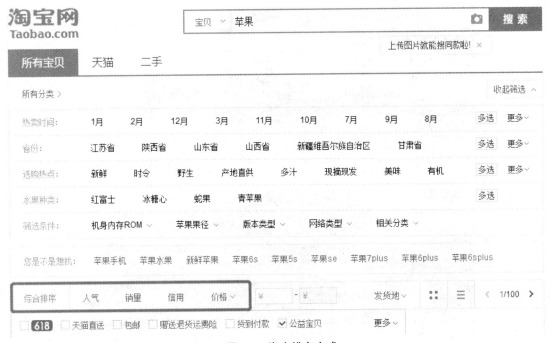

图 3.6 苹果属性界面

属性不但用于搜索引擎搜索,而且在宝贝详情中展示,可使客户更熟悉宝贝,所以准确性很重要,如果与产品不符,会影响 DSR 好评率,优化属性信息既能提升宝贝权重,又能提升宝贝详情深度。

(5)关键词优化

每一个关键词都有不同的权重,所以客户搜索关键词后,每个宝贝的排名不同。因此,要做的优化就是不断增加每个关键词的权重。我们着重讲解从数据维度增加关键词的权重。淘宝排名方式分为综合排名、人气排名、销量排名、信誉排名、价格排名五种。如图 3.7 所示。淘宝搜索引擎默认显示综合排名,所以我们所说的权重值体现在综合排名里。数据维度主要包括点击率、好评率、DSR 评分等,其中点击量、浏览量、收藏加购转化率、回头率直接影响关键词的权重,简而言之这几种数据优化提高,可以快速增加权重。

图 3.7 淘宝排名方式

①点击率优化

提高点击率使产品排名靠前,访客才会多,收藏、加购、成交额等才可能提高。点击率的提高需要一张有吸引力的主图。主图制作的关键不在于做的精美,在于创意与宝贝的凸显,在同一页几十个宝贝中,一眼让客户注意到,然后做出的宝贝卖点,文字卖点符合客户的心理需要,客户就会点击查看宝贝(主图优化请查看第二章节技能点三)。

②浏览量优化

浏览量即一个客户在店铺内浏览页面或者宝贝的数量,数量累计计算,是显示店铺活跃度的指标。浏览量优化要求店铺的产品建立完整的体系,做好产品多样性,高中低价齐全。如果店铺产品单一,那就没有什么可以浏览的。

例如,某水果店铺主卖苹果,但是也可以选择季节性较强的水果,如:猕猴桃、橙子、火龙果等。如图 3.8 所示。让喜欢吃水果的客户来到店铺,有众多不同选择,可以尽情的挑选,从而提升浏览量。

图 3.8　水果店铺界面

③收藏、加购、转化优化

收藏、加购、转化是客户在浏览产品时,对产品进行收藏、加入购物车最后购买的过程。此过程是影响宝贝权重的主要因素,显示宝贝吸引客户的程度,客户有了收藏加购之后就有可能下单转化,收藏加购与转化率成正比。

④回头率优化

回头率即老客户再次购买宝贝,说明店铺的产品质量、服务等很好,所以老客户再次购买该宝贝淘宝系统给宝贝增加的很高的权重值,大于普通客户转化给宝贝带来的权重,所以商家要重点建立自己的客户群,客户群是最精准的客户群体,是商家重要的财富。

商家可以在发货的包裹里放一张宣传小卡片,加微信群或者其他软件聊天群送优惠券、好评送红包等,吸引买家进群。如图3.9所示。

图3.9　好评送红包

(6)买家模型优化

买家模型也叫千人千面,依靠淘宝网庞大的数据库,从细分类目中抓取特征与买家兴趣点匹配的宝贝,展现在买家浏览的网页上,帮助店铺锁定潜在买家,实现精准营销。

千人千面的展现主要是针对不同人群进行精准定向投放,消费者的搜索购买行为同样深深的影响着展示概率的大小。每个消费者只要在淘宝网上购买或是浏览过产品,就会被平台打上标签,比如年龄、喜好、关注点等,标签的不同,千人千面展示的产品就会有所差别。如图3.10所示,不同的账户搜索同样的关键词"苹果水果"展示的搜索结果是不一样的。

只要客户有过浏览某产品或者店铺的行为,那以后淘宝就会在这个客户面前优先展示这个产品,也就是说买家的购买和浏览行为决定着商家产品的展示顺序。

商家要努力最大化免费引流,最大程度的曝光产品和店铺,让更多的买家与店铺发生"关系",提高客户基数;明确产品特点,制定准确的营销方案;吸引更多客户完成点击、浏览、收藏、加购甚至购买提高转化与销量。

¥23.80
38人付款

山东烟台苹果栖霞红富士苹果新鲜水果脆脆起现摘现发5斤 当季新果

山东 烟台

¥29.90
12131人付款

冰糖心苹果水果 新鲜10斤批发包邮红富士陕西丑苹果当季 现摘现发

河南 三门峡

¥29.50
30226人付款

山东栖霞优质红富士12个200g以上#苹果新鲜水果

上海

¥25.80
5471人付款

新鲜苹果水果山东烟台栖霞红富士批发一整箱平果5斤包邮脆脆的苹果

山东 烟台

¥29
200人付款

烟台红富士 脆甜多汁

新鲜苹果水果山东烟台栖霞红富士特产精选果新鲜送礼平果5斤包邮

山东 烟台

¥29.90
143888人付款

新疆阿克苏冰糖心苹果新鲜水果10斤大果批发包邮鹅脆红富士平果 整箱现发

江苏 徐州

¥59.80
46830人付款

新疆阿克苏冰糖心苹果新鲜水果10斤大果批发包邮鹅脆红富士平果

新疆 阿克苏

¥29.90
12652人付款

王小二烟台栖霞苹果批发包邮当季新鲜苹果脆的栖霞红富士

山东 烟台

¥23.80
38人付款

山东烟台苹果栖霞红富士苹果新鲜水果脆脆起现摘现发5斤 当季新果

山东 烟台

¥59.80
46830人付款

新疆阿克苏冰糖心苹果新鲜水果10斤大果批发包邮鹅脆红富士平果

新疆 阿克苏

¥29.90
12131人付款

冰糖心苹果水果 新鲜10斤批发包邮红富士陕西丑苹果当季 现摘现发

河南 三门峡

¥29.90
143888人付款

冰糖心苹果水果 新鲜10斤批发包邮当季新鲜水果丑苹果红富士 整箱现发

江苏 徐州

¥59.80
25921人付款

【发货中】新疆阿克苏冰糖心水果大果新鲜水果10斤批发水果顺丰

新疆 阿克苏

¥118.00
1467人付款

【新疆直发】特级预售阿克苏冰糖心苹果新鲜水果晶红富士10斤包邮

新疆 阿克苏

¥59.90
16755人付款

年货陕西苹果水果新鲜现摘延安红富士10斤包邮鹅脆农家整箱现发大大

陕西 延安

¥59.80
1488人付款

苹果陕西本家的大红富士孕妇新鲜水果鹅脆冰糖心10斤包发包邮

陕西 咸阳

图 3.10 搜索结果不同

3. 基础模型优化应用

在学习基础模型优化之后,完成基础模型的优化,会直接增加产品被客户在淘宝搜索引擎上检索到的概率,增加产品的浏览量,从而增加产品在自然搜索引擎中的权重,增加综合排名。

女装连衣裙是淘宝流量最大的类目之一,宝贝标题和属性方面对文本模型影响很大,因为有许多不同的款式、风格、面料、长度等,所以如何制作宝贝标题和填写属性是区别于其他衣服的主要因素。例如有一款春夏连衣裙如图 3.11 所示。

图 3.11　连衣裙

商家在发布宝贝时就对宝贝的属性进行了详细的介绍,客户在查看宝贝的时候就可以了解到宝贝的详细信息,知道宝贝是否符合自己的喜好。如图 3.12 所示。

廓形: A型　　　　　　货号: 01180355　　　　　风格: 通勤
通勤: 文艺　　　　　　组合形式: 单件　　　　　裙长: 中长裙
款式: 吊带　　　　　　袖长: 无袖　　　　　　腰型: 宽松腰
衣门襟: 套头　　　　　裙型: 荷叶边裙　　　　图案: 纯色
流行元素/工艺: 荷叶边 木...　品牌: 梅子熟了　　　　面料: 雪纺
成分含量: 95%以上　　　年份季节: 2018年夏季　颜色分类: 蓝色 预售6月9...
尺码: XS S M

图 3.12　宝贝详细信息

并且对于宝贝的尺码、适合的身高体重都有详细的介绍,可以让客户清晰地了解到自己所适合的尺码。如图 3.13 所示。

身高cm/ 体重kg	肩宽	胸围	腰围	臀围	日常尺码	身型	本次试穿
饭饭	163/43	37	80	63	84	S	匀称	S码合适详情如图
碎碎	155/43	36	78	60	82	S/M	匀称/ 清瘦	XS码合适　裙长 到脚踝
丽丽	158/58	40	90	69	96	M/L	匀称/ 偏胖	M码合适　裙长 到脚踝以下
七七	160/45	38	78	63	84	S/M	偏瘦	XS码合适　裙长 到脚踝以上
秋芝	162/48	37	85	66	88	S/M	匀称	S码合适　裙长 到脚踝以上
晓燕	172/55	42	85	71	92	M/L	匀称	M码合适　裙长到 小腿肚以下

图 3.13　宝贝尺码介绍

如果需要你对这款连衣裙的属性进行优化,你会怎么对它的属性进行填写呢? 填写页面如图 3.14 所示。

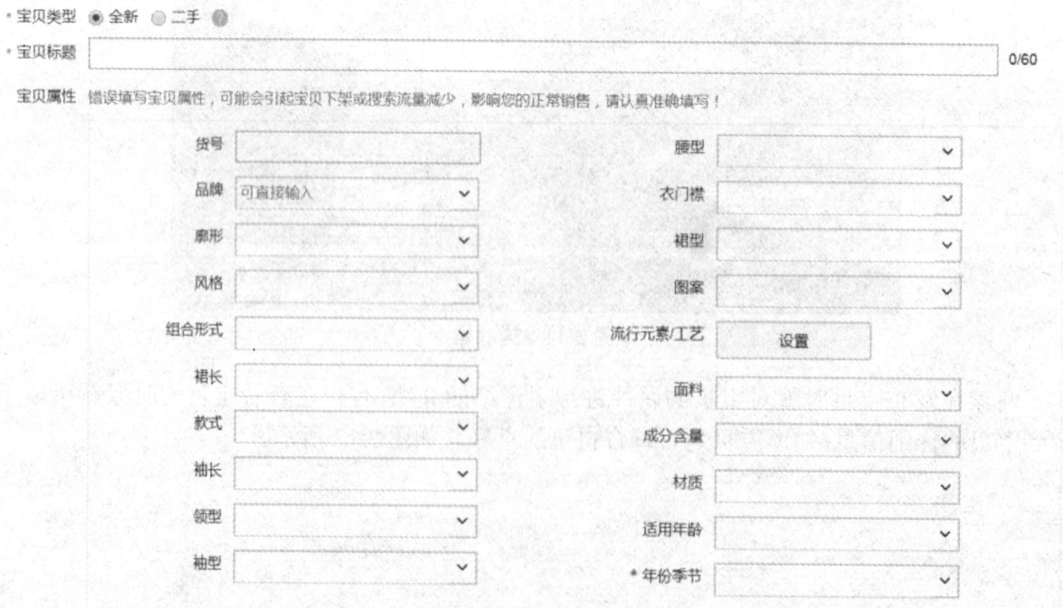

* 宝贝类型　● 全新　○ 二手 ⑦

* 宝贝标题　[　　　　　　　　　　　　　　　　　　　　]　0/60

宝贝属性　错误填写宝贝属性,可能会引起宝贝下架或搜索流量减少,影响您的正常销售,请认真准确填写!

货号	[　　　　]	腰型	[　　　　∨]
品牌	[可直接输入　∨]	衣门襟	[　　　　∨]
廓形	[　　　　∨]	裙型	[　　　　∨]
风格	[　　　　∨]	图案	[　　　　∨]
组合形式	[　　　　∨]	流行元素/工艺	[设置]
裙长	[　　　　∨]	面料	[　　　　∨]
款式	[　　　　∨]	成分含量	[　　　　∨]
袖长	[　　　　∨]	材质	[　　　　∨]
领型	[　　　　∨]	适用年龄	[　　　　∨]
袖型	[　　　　∨]	* 年份季节	[　　　　∨]

图 3.14　连衣裙属性填写

技能点 3　卖家模型优化

1. 卖家模型简介

卖家模型是淘宝通过几项核心数据判断商家是否为优质商家、资质是否健全正规的标准，就像实体店要营业必须有营业执照、相关行业准入资质；营业执照也分个体户、小规模纳税人、小卖部、大商场等，正规程度高低意味着产品质量高低、服务质量好坏。不管实体或者网商，经营主管部门都希望旗下的商家资质正规，有质量保证，有完善的服务体系。

优化卖家模型就是告诉淘宝平台店铺的质量、服务有保证，淘宝平台可以放心大胆的给店铺流量与客户；而且卖家自身正规，也会给客户更好的体验，发展出更多的忠实粉丝，打造店铺品牌知名度。

2. 卖家模型优化类型

卖家模型包括店铺模型和服务模型，店铺模型分为店铺类型、店铺层级、店铺服务、客单价；服务模型分为动销率、浏览深度、退款率、好评率、DSR。如图 3.15 所示，通过各个模型分解学习卖家模型优化。

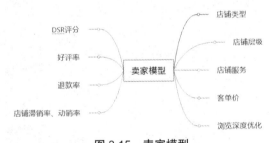

图 3.15　卖家模型

（1）店铺类型

淘宝平台店铺类型分为集市店、企业店、天猫商城，不同的资质门槛、正规程度使得权重不同。集市店（个人淘宝店简称 C 店）只需要个人身份信息；企业店需要企业信息营业执照相关资质；天猫商城不但要相关企业资质，还有注册资金要求、商标所有权证明等等。所以根据需要资质不同，淘宝给店铺与宝贝权重也不同，权重排名：集市店铺 < 企业店铺 < 天猫商城。

（2）店铺层级

淘宝系统根据同行业类目的卖家主营类目产品月成交总额的高低，分为七个层级。如图 3.16 所示，可以看到各个等级的月成交金额段。

层级越高淘宝系统分配的流量越多，简而言之就是淘宝根据月销售额给卖家分配流量，卖家产品总成交额越高分配的流量越多，宝贝权重越高，排名越靠前。所以我们要运用一切办法优化 SEO，提高排名，多加入活动提高销量与成交额。通过层级提高增加产品权重，是店铺整体实力的显示。店铺应每个月做好销售目标计划，争取达到更高层级。

行业排名 2017-12-01

根据 淘宝集市 商家最近30天的支付宝成交金额计算，您的店铺在淘宝 水产肉类/新鲜蔬果/熟食 类目排名如下，了解更多请点击查看行业排名趋势：

ⓘ 第一层级   第 **53,178** 名   较前日 1524名 ↓

第一层级	第二层级	第三层级	第四层级	第五层级	第六层级	第七层级
0.0元	592.0元	9747.0元	4.9万元	15.4万元	37.0万元	102.1万元 ∞

图 3.16　店铺层级

（3）店铺服务

淘宝有很多服务的承诺，如图 3.17 所示。开通的服务承诺越多，权重越高。其中消费者保障协议、缴纳保证金是强制开通的；七天无理由退货除定制类目和生鲜类目，其他类目都强制开通；除此之外还有很多可选择加入的服务，不同类目不同需要，尽量能开通的服务全部开通。

图 3.17　服务承诺

例如某店铺主营水果,是生鲜类目,不支持七天无理由退货,但是店铺可以开通坏单包赔,很多客户比较担心破损的问题,很看重这个服务,店铺加入这项服务,就可以给客户吃颗定心丸,对提高转化率也有一定作用。如图 3.18 所示。

承诺　　🔘 订单险　　🟧 坏单包赔　　7️⃣ 不支持7天无理由　　💚 公益宝贝

支付　　🔵 蚂蚁花呗　　💳 信用卡支付　　▶️ 集分宝

图 3.18　水果类目开通的承诺与支付

（4）客单价

客单价 = 日成交额 / 访客数,客单价高低显示经营者经营实力,营收实力。阿里巴巴集团本质是商家,还是以盈利为目的,谁给淘宝创造的利润多,就给谁更高的排名以及更多的权重与流量。

讲解客单价原理,我们需要先了解两个相关的概念,分别是"单位流量产出"与"单坑月产出"。

①单位流量产出

单位流量产出 = 客单价 * 支付件数 / 访客数,也就是平均每个访客能够带来的销售额。这是一个非常重要的指标,因为在整个平台流量增长放缓,且趋于稳定的大环境下,淘宝平台自然希望每个流量利用最大化,单个流量所能产生的销售额越高越好。这个指标的好坏取决于三个因素:访客精准度、转化率、客单价,其中访客精准度决定转化率高低。

②单坑月产出

单坑月产出这个指标主要取决于两个因素:价格和销量。淘宝首页的坑位只有几个,每个商家都想上首页,那就要制定一个衡量能力的指标,只有达标的才能上。最好的位置当然留给最大产出的宝贝,这个产出的评判就是:销售额。而销售额又取决于两个因素:价格和销量。所以,现在你会发现,低价不一定排名靠前,高销量也不一定排名靠前。价格与客单价也有密切的关系,价格提高,相应客单价就会提高。

通过上面两个概念我们可以看出提高客单价可以提高宝贝权重,而且是重点影响 SEO 优化因素。前面讲过增加浏览量的方式,优化好关联销售,增加产品多样性,提高服务从而增加客单价。设置关联销售的方法如下:

● 搭配套餐

在商家营销中心,优惠活动里面选择第三项"搭配套餐",如图 3.19 所示。根据店铺的实际情况来填写基本信息,如标题、价格、图片,把相关商品组合成套餐。

图 3.19　设置搭配套餐

- 增加关联销售模块

增加关联销售模块的方式：详情页加模块、心选推荐、服务市场里的营销软件工具（美折、宝贝团、火牛等）增加关联销售模块。如图 3.20 所示为 PC 端心选推荐增加关联销售模块。心选推荐在卖家中心后台营销中心内，在设置心选推荐时根据提示内容设置即可。

- 图片添加超链接

编辑宝贝详情用神笔模板编辑给图片加链接，比较简单方便，电脑端神笔编辑加链接如图 3.21 所示，点击"链接按钮"直接添加链接即可。（也可使用 Dreamweaver 添加链接，具体步骤查看《网店运营基础——电子商务基础项目实战》中的项目三。）

出售中的宝贝　　橱窗推荐宝贝　　淘宝服务宝　　推广宝贝　　心选推荐　　1688好货源　　定制工具

宝贝名称：　　　　　　　　　商家编码：　　　　　　　　　宝贝类目：　全部类目　　　▼

价格：　　　　到　　　　　　总销量：　　　　到　　　　　店铺中分类：　全部分类　　　▼

宝贝设置：　无　　　▼　　　审核状态：　无　　　▼　　　　　清空条件　搜索

计划名称

果色甜香关联销售

展示渠道 ❓

选择主商品　位置示意图

推荐内容 ❓

推荐内容

样式：● 相册　○ 精品　○ 热图　设置

掌柜推荐

图 3.20　设置心选推荐

图 3.21　点击添加链接

（5）浏览深度优化

详情页的吸引力与客户平均在店铺停留时间成正比，一个有吸引力的详情页是增加浏览深度与停留时间的关键，吸引力就是展现出符合客户需求的卖点。每天查看分析自己店铺的平均停留时间，如果低于平均值就需要进行优化。如图3.22所示，发现其中11月12日左右客户平均停留时间变短，那么商家就需要对客户进一步的了解，对商品详情进行优化，达到增加浏览深度和停留时间，降低跳失率的效果。浏览深度优化可以提高收藏加购数据，提高转化率。

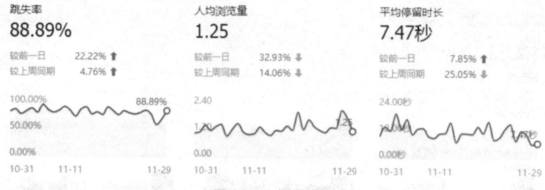

图 3.22　客户浏览深度

（6）店铺滞销率、动销率

滞销产品是近90天内无编辑、无浏览、无成交的商品，其不进入淘宝搜索系统，使用全标题去搜索也不能找到该宝贝。滞销率就是整个店铺滞销产品占比。动销率与滞销率相反，是指销量产品的占比。官方规则中，有这样一个扶植点：全店宝贝的动销率达到50%以上能获得扶植加权，而且发布10个以上的宝贝才计算动销权重，也就是如果商家不足10个宝贝可以卖，相较于竞争对手就会在权重上吃亏。

如果店铺发现滞销产品可以重新编辑修改价格再上架，也可以删除宝贝，重新上架产品。发布宝贝一个月之内必须产生销量，增加店铺的动销率以及权重。

（7）退款率

退款率＝成功退款数/交易数。退款率低说明我们的产品质量服务等方面好，淘宝会优先展示，增加宝贝的权重。退款的原因可能是质量问题，也可能是尺寸问题，还有一部分是快递问题，每家店铺退款是必不可免的，但是我们要尽量优化服务，提高质量，选择好的快递来降低商品退款率。

（8）好评率

好评率＝好评数/评论总数，是衡量店铺质量、服务的主要指标，淘宝会优先展示好评率高的商家，好评率评分指标是动态评分（180天之内），所以我们可以不断优化，提高商品质量和服务水平，尽最大努力减少中差评。而且中差评太多被客户看到会影响其购买的欲望进而降低转化率。

（9）DSR评分

DSR评分对于宝贝的权重值影响很大，还会影响报名活动。每个行业平均DSR不同，但是我们一定要不断的优化 DSR 将其高于同行平均水平。DSR 分为 3 个维度来与同行业进行对比，如图 3.23 所示分为描述相符、服务态度、物流服务，下面分别来讲解。

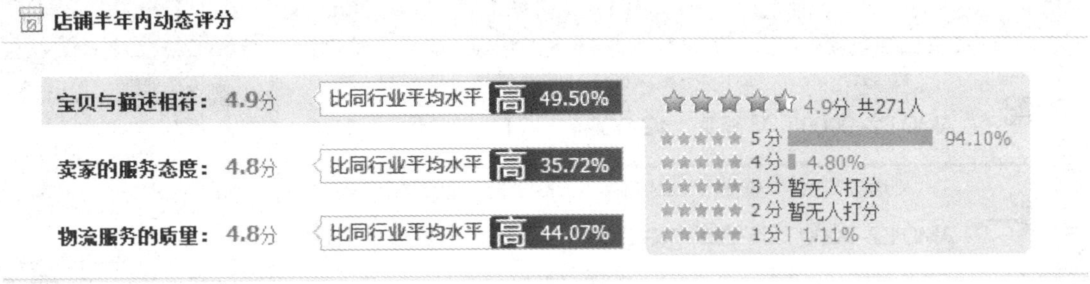

图 3.23　店铺 DSR 评分

①描述相符

描述相符指主图、详情页、文字描述是否真实，反应产品的客观状态。在淘宝卖东西狭义上讲卖的就是图片和文字，因为网络购物看不到实物，客户只能看到图片文字，所以淘宝会用这种评分来限制卖家，以免卖家描述太夸张。如果商家把产品描述的远超过真实状态，客户收到宝贝会很失望，打分就会很低。所以商家在对产品进行描述时，需要对产品进行详细、真实的描述。

②服务态度

服务态度是给客户的第一印象，会决定客户的消费态度，如果客服人员语言不恰当会打消客户的购买欲望。服务态度也包括客户咨询时旺旺回复的速度，在这方面商家可以设置自动回复，加快回复时间，通过这种方式增加权重。客服要养成上班第一时间打开旺旺或者千牛的习惯，并且可以 2 班轮换到晚上 12 点，可以回复每一个客户的问题，增加客户体验，间接地增加转化率。

③物流服务

物流服务包含 3 方面，一是发货速度，二是运输速度，三是包装问题。

发货速度是从客户拍下付款到物流出现揽收信息这一段时间，发货速度越快越好，影响因素一是商家在交易系统中输入单号的时间，二是快递公司扫描信息的时间。宝贝发货时间不能超过物流模板中承诺的发货时间，超时会降低宝贝权重。

运输速度就是产品从揽收到客户签收的时间长短，商家可以选择 2—3 家速度快、服务好的快递公司，给客户选择的空间。服务好的快递公司对于快递破损赔偿很快很便利，会提高商家的工作效率，提高 DSR。

包装是在运输过程中保护物品、方便运输的容器。如果我们包装不够结实，经过漫长的运输过程，产品容易出现损坏的情况。例如运输水果要用 5 层瓦楞纸箱外加防震泡沫、气泡柱等进行包装，最大程度降低宝贝破损率，进而提高物流服务的评分。

3. 搭配销售应用

通过对卖家模型优化的学习，了解了卖家模型优化对 SEO 的影响，其中最容易被人忽视的是关联销售对 SEO 的影响，其不但影响客单价、成交额、利润，还影响宝贝在搜索引擎中的坑位产出比，产出比意味着搜索引擎给我们这个位置能不能为淘宝带来更多价值。

例如，电脑是我们常用的一款电子产品，在购买电脑的时候总是有各种套餐可以选择，用户可以根据自己的工作需要或学习需要购买最合适的套餐，如图 3.24 所示。

联想 IdeaPad 320-15 套餐表

	处理器	显卡	内存	机械硬盘	固态硬盘	英寸	银灰色价格	白色价格
标配	AMD E2-9000	2G 独显	4G DDR4	1T	无	15.6	¥2859	¥2999
套餐一	AMD E2-9000	2G 独显	4G DDR4	1T	120G	15.6	价格 ¥3159	价格 ¥3299
套餐二	AMD E2-9000	2G 独显	4G DDR4	1T	240G	15.6	价格 ¥3359	价格 ¥3499
套餐三	AMD E2-9000	2G 独显	8G DDR4	1T	120G	15.6	价格 ¥3459	价格 ¥3599
套餐四	AMD E2-9000	2G 独显	8G DDR4	1T	240G	15.6	价格 ¥3659	价格 ¥3799

注：以上套餐均由本店技术员在官方标配的基础上加装升级

图 3.24 电脑销售

并且，用户在购买时，商家会赠送礼品，赠送的产品都是与电脑相关的，会增加客户对产品的好感以及在购买时的决心。如图 3.25 所示。

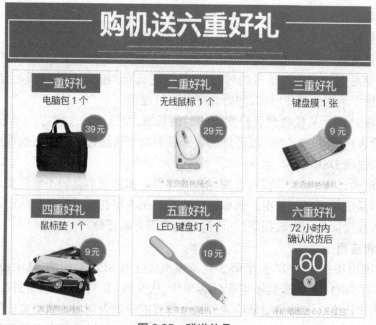

图 3.25 赠送礼品

技能点 4　商业模型优化

1. 商业模型简介

商业模型是淘宝在基础 SEO 模型上增加的筛选优质商家的设置,店铺相应资质越完整,盈利能力越好,淘宝便会给予更多引流渠道,获得更多流量的奖励。商业模型优化是锦上添花,不是必须模型,但是如今流量贵如金,能够获取流量的方式,我们都要不遗余力的去争取。

2. 商业模型优化类型

商业模型分为橱窗推荐优化、宝贝打标、公益宝贝、金牌卖家、品牌资质、商品白底图,如图 3.26 所示。我们依次分解学习,了解每个要点的作用原理,优化方法,从而通过优化这些因素获得更多的流量与客户。

图 3.26　商业模型

（1）橱窗推荐优化

淘宝橱窗好比实体店中的橱窗,可以摆放一些商品,用来吸引客户。橱窗推荐宝贝会集中在宝贝列表页面的橱窗推荐中显示,每个卖家可以根据信用级别与销售情况获得不同数量的橱窗推荐位。如图 3.27 所示,可以看到橱窗位的发放规则。

当客户想要买东西时,直接到淘宝网首页搜索或在淘宝网上点"我要买",就会出现橱窗推荐位所推荐的宝贝（因为默认出来的只有橱窗推荐的商品）,店铺橱窗位数量多,就有可能让店铺的宝贝有更多被人浏览的机会,还可以提高点击率。

（2）宝贝打标

打标即是淘宝给产品打上相应的标签,有标签的产品会增加权重可以优先展示。现阶段标签种类有新品、代购、定制,每个类目对应的标签各不相同,打标要符合淘宝的相关标准设定。

①新品标

新品标不需要申请,淘宝认可新上架产品为新品,自动打上新品标签。有新品标的商品都有相应的流量渠道扶持,在直通车、钻石展位、淘宝活动都是优先展现的,并且在搜索引擎指标筛选中有新品选项。如图 3.28 所示。优先展现会为商品赢得更多的免费流量,增加产品的权重。

日常规则发放橱窗位数量　　　　　　　　　　　　　　　　　活动奖励橱窗位数量

| 14 | 日常规则应发：25个
发放上限（店铺在线商品数）：14 | + | 0 |

规则纬度	规则内容
信用等级	星级卖家奖励10个橱窗位 钻级卖家奖励20个橱窗位 冠级卖家奖励30个橱窗位
开店时间	开店时间少于90天内，奖励10个橱窗位 开店时间满1年奖励2个橱窗位 开店时间满2年奖励5个橱窗位 开店时间满3年奖励10个橱窗位
消保	缴纳消保保证金的，奖励5个橱窗位
店铺周成交额	周成交额是指上周的周成交额，计算周期为周四0点至周三23:59:59 根据你的信用等级，店铺上周支付宝周成交额： 达到143.59时，奖励20个橱窗位 达到239.31时，奖励35个橱窗位 成交额奖励橱窗的使用有效期为1周，每周五老的奖励失效，新的奖励生效。
金牌卖家	金牌卖家奖励：5个橱窗位
违规扣分	一般违规扣分（A类扣分）满12分及以上，扣除5个橱窗位 严重违规扣分（B类扣分）满12分及以上，扣除10个橱窗位 出售假冒商品被违规扣分（C类扣分）满24分及以上，扣除20个橱窗位

图 3.27　橱窗位发放规则

图 3.28　新品选项

新品标出现时间一般是 1—4 天，类目不同时间也不同，天猫出现的时间会更长一些。所以商家不需要因为已上架的宝贝没有新品标而担忧。不同类目，新品标的存在时间长短是不同。一般数码产品为 14 天；服装、箱包、饰品等为 28 天；内衣产品长达 30 天。

商品获取新品标的基本要求如下：

● 店铺一年之内无 B 类扣分，A 类扣分小于 12 分；

● 实拍图片，宝贝主图无"牛皮癣"；

● 不是旧款重发，必须是上新，14 天内新发宝贝。

打新品标的注意事项如下：

● 宝贝款式、属性、标题、主图、详情页不要与其他产品重复。

● 不要放仓库太久,因为新品标时间是从宝贝上线算起,在仓库中同样是可以打标的。

②定制、代购

"定制、代购"在发布宝贝的时候是可选择项,如图 3.29 所示。如果销售的产品确实是国外代购回来的,或者是可以私人定制类产品,可以选择打相应标签,但是如果不是就不要选择,以免违规扣分。

1. 宝贝基本信息

　　* 宝贝类型　◉ 全新　◯ 二手 ❓

　　* 宝贝标题　[　　　　　　　　　　　　　　　　　　　]

　　　宝贝卖点　宝贝卖点不在无线商品详情页中展示
　　　　　　　[　　　　　　　　　　　　　　　　　　　]
　　　　　　　[　　　　　　　　　　　　　　　　　　　]

　　　宝贝属性　错误填写宝贝属性,可能会引起宝贝下架或搜索流量减少,影响您的

　　　　　　品牌　[可直接输入　　　　　　　⌄]

　　　包装重里　[可直接输入　　　　　　　⌄]

　　　宝贝定制　☐ 支持定制 ❓

　　* 采购地　◯ 国内　◉ 海外及港奥台 ❓

　　　　* 国家/地区　[　　　　　　　　　⌄]

　　　　* 库存类型　◯ 现货（可快速发货）　◉ 非现货（代购商品,需采购）

图 3.29　定制、代购

③频道标识

频道标识是有相应频道的店铺标签。例如全球购、汇吃、IFASHION、中国质造、特色中国等。下面主要介绍全球购与淘宝汇吃。

● 全球购

全球购标志即说明该店铺发布的商品全部是由我国港澳台或境外原产直供,其产品有在全球购频道展示的机会,其标志如图 3.30 所示,卖家需要符合一定条件并经过严格审核后才会被授权,审核标准包括商品特色、交易情况及服务态度等。

图 3.30　全球购标签

● 淘宝汇吃

淘宝汇吃是一个美食商品导购平台,为消费者提供最丰富、最地道的食品,导购平台提升卖家服务能力水平,提升消费者的购物体验,提升食品行业的快速发展。淘宝汇吃标志如图3.31所示。入驻淘宝汇吃需要对20多项指标进行考核包括成交率、DSR、处罚率、纠纷率等,数据指标是入驻汇吃的基础条件,如果数据指标无法满足,其他商品、服务都满足,也无法加入。在满足入驻条件之后商家可以申请入驻。

图 3.31　淘宝汇吃标签

淘宝汇吃根据商家经营食品的不同,把汇吃分为了各式各样的店铺,如图3.27所示。例如水果苹果属于食品,可以参加汇吃频道,根据相应资质要求加入。根据对汇吃频道,各个店的了解,可以清楚地看到苹果适合加入汇吃农人店,如图3.32所示,可以看到汇吃农人店的角色。

图 3.32　汇吃各种店铺

（3）公益宝贝

公益宝贝是指此宝贝参加了公益项目,在交易成功后,卖家会捐赠一定金额用于公益事业。淘宝系统会对参加公益宝贝的产品增加一定权重。公益宝贝捐款方式有二种,一种是按成交额百分比捐款,一种是按指定金额捐款。如图3.33所示。

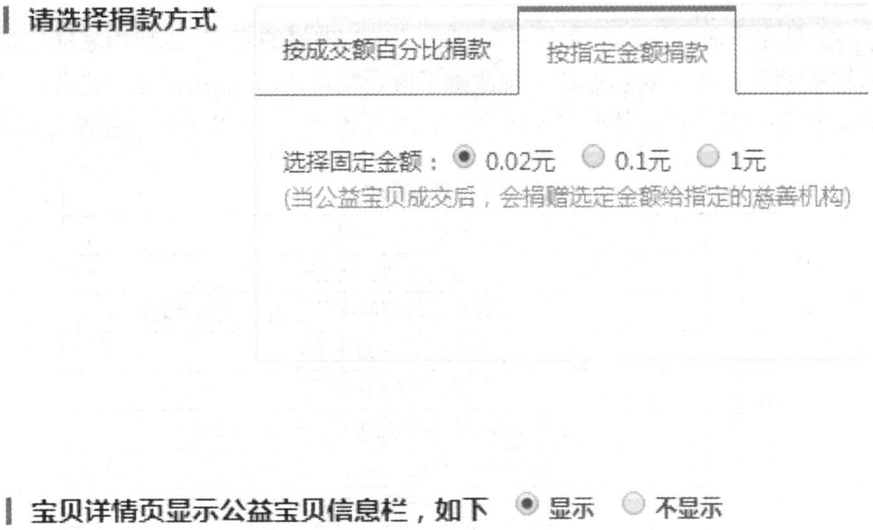

▌ **请选择捐款方式**

按成交额百分比捐款　　　　按指定金额捐款

选择固定金额：⦿ 0.02元　　○ 0.1元　　○ 1元

(当公益宝贝成交后，会捐赠选定金额给指定的慈善机构)

▌ **宝贝详情页显示公益宝贝信息栏，如下**　⦿ 显示　　○ 不显示

图 3.33　捐款方式

可以按照个人的爱好选择公益项目，每个项目有目标捐赠上限，如果金额满了项目就会自动停止，所以要注意勾选"自动续签支持新项目"。如图 3.34 所示。

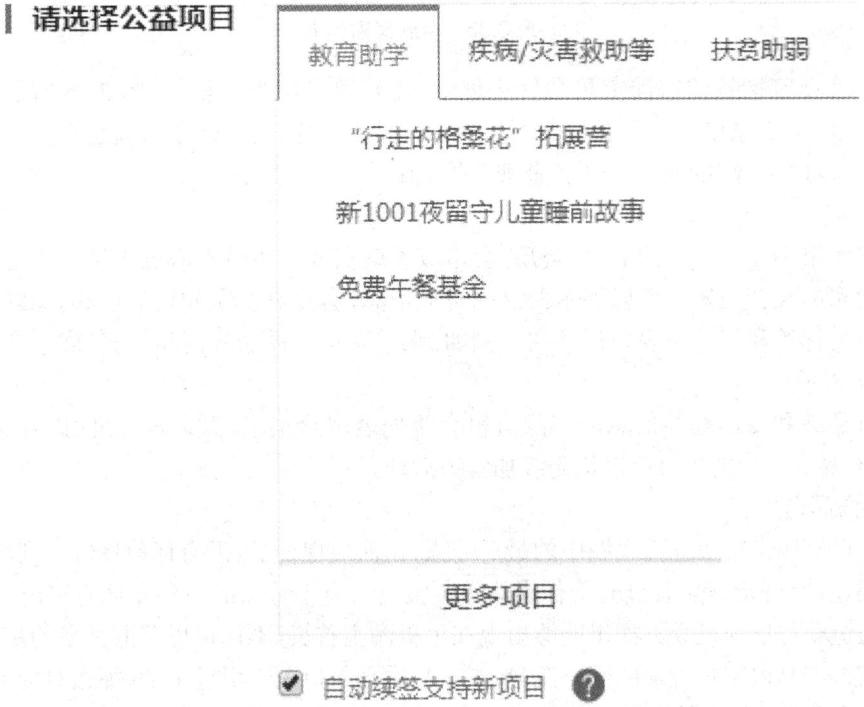

▌ **请选择公益项目**

教育助学　　　　疾病/灾害救助等　　　　扶贫助弱

"行走的格桑花" 拓展营

新1001夜留守儿童睡前故事

免费午餐基金

更多项目

☑ 自动续签支持新项目 ❓

图 3.34　公益项目

（4）金牌卖家

金牌卖家是在一段时间内成交数量高、服务好、口碑好的卖家,金牌卖家标签是根据数据对比来给卖家打标,是淘宝对卖家的一种激励手段。集市店、企业店满足一定条件自动获得金牌卖家标志,但是相对资质条件要求比较高。如图3.35所示,可以了解到金牌卖家的标准。

金牌卖家标准	
基础标准	开店时长≥183天
	信用分值≥251分
	缴纳淘宝网消费者保障服务保证金(含保证金计划)
	二手商品订单数比例≤5%
	无虚拟在线商品
	自然年内一般规则处罚累计分值<12分
	自然年内无严重违规处罚或售假处罚
	店铺正常经营
	买家喜爱度
行业标准	数据核算期内好评率
	数据核算期内描述DSR
	数据核算期内服务DSR
	数据核算期内纠纷率
	数据核算基准成交额

图3.35　金牌卖家标准

有金牌卖家标签的店铺宝贝会优先展示,还有很多额外特权,如图3.36所示。"金牌卖家"的标准随着商家以及产品类目的不断增多而发生变化,同时赋予权益也在增多,以此良性地激发卖家对"金牌"的向往,体现"金牌"的价值。

（5）品牌、资质

买家如果不知道商品的品牌、资质,会造成不敢买或购买后不满意申请退货的情况,会大大增加卖家的经营成本。所以展示商品的资质信息,会提高买家购物的信心。其中进口类商品需要中文标签和报关单等资质证明。例如,水果苹果只需品牌商品标签,展示在宝贝详情,如图3.37所示。

拥有品牌和商品标签信息的产品有机会优先展现给买家,提升曝光度;提升商品的转化率;部分有品牌资质的类目可以优先参加营销活动。

（6）商品白底图

商品白底图是宝贝五张主图中的最后一张,正面展现商品,没有任何修饰。商品白底图重点展示渠道:有好货、热门市场、猜你喜欢等。宝贝只有上传商品白底图才有可能在手淘首页的这些渠道获得展现机会。如果能够出现在手机淘宝首页,不仅可以获取大量的精准流量,同时还会获得产品内宝贝置顶的额外流量,买家是看到入口图吸引进来的,那么对应宝贝的点击购买转化会非常高。如图3.38所示为有好货首页。

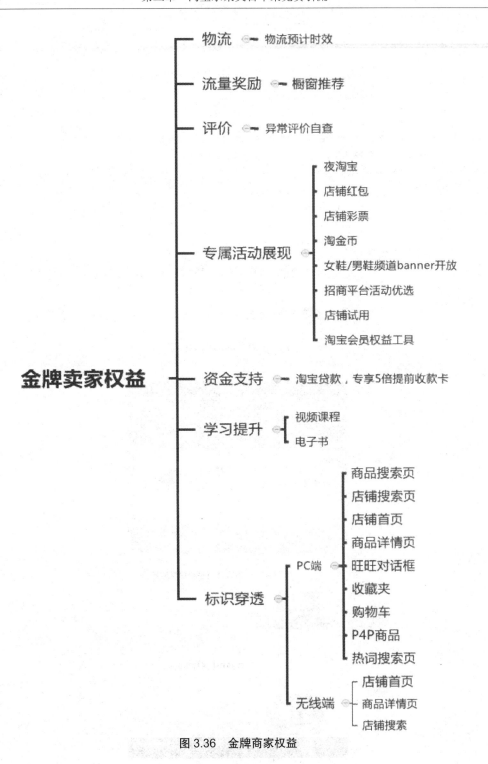

图 3.36　金牌商家权益

☑ 填写以下信息有机会优先在PC和手淘端展现给买家

* 商品标签图1　[上传清晰图片]　实物标签图　<u>样例图A</u>

商品标签图2　[上传清晰图片]　实物标签图

要求：

1、国产食用农产品需要上传商品的实物贴纸图，实物贴纸图不小于700*700像素，图片上的文字必须清晰可见，不能上传无信息的产品图、模糊、倾斜的图片。国产食用农产品需至少包含食品名称、产地、净含量或规格等信息。

2、审核时间：5个工作日内（从提交资质之日起）

3、审核结果查询路径：卖家中心-体检中心-资质体检

承诺以上信息为实际售卖的商品信息，淘宝网会定期对该信息进行抽查，如发现不符会受到相应处罚，查看详细说明 >>

宝贝详情　　**累计评论 141397**　

质 品质保障 授权正品　　商品标识　QS 商品具有生产许可证编号，符合食品质量安全准入标准。

图 3.37　商品品质保障标签

图 3.38　"有好货"首页

商品白底图发布注意事项在前面的章节中讲过，在此不再赘述。

3. 店铺优化应用

在学习商业模型优化之后，了解到宝贝及店铺标签的优化，会直接或间接地使得用户增加浏览量，进而会使商品权重值增加。

"梅子熟了"是一家以文艺复古为主题的店铺，其风格主要针对 20—25 岁的女性用户群体，如图 3.39 所示，可以看到其店铺属于金牌卖家，并且其服饰通过了时尚互动平台的考核，所以其店铺内的每一件衣服都有"❤ifashion"的标志，并且其店铺再付款时淘金币可抵 2%。

图 3.39　梅子熟了店铺

如果现在你需要对"梅子熟了"店铺进行进一步的优化，那么你应该怎么做呢？

技能点 5　营销策略优化

1. 营销策略简介

营销策略是根据消费者心理特征策划出的营销方案。首先消费者是人，是人就会有心理特征，有些心理特性在人的潜意识里不知不觉中影响人们的购物行为决策。其次电商是商业发展进化出来的一种销售形式，本质还是市场营销，市场营销需要分析消费者的心理需求，运用心理学工具，寻找消费者的弱点进行心理营销。

只要抓住客户心理需要，就能高效快速的卖出产品，不但可以提高成交量与利润，也可以提高淘宝搜索引擎需要的数据，例如点击率、收藏率、加购率、转化率等，从而提高产品在搜索引擎中的排名。

2. 营销策略

下面我们通过价格模型、优惠手段、同情营销、反差营销等学习策略营销,如图 3.40 所示。我们现在只以主图或价格举例,其实还是可以延伸到详情页和文案。

图 3.40　营销策略

（1）价格模型优化

淘宝遵循的原则就是满足各种需求,首先满足大部分人的需求,再根据个别人群不同的需求给予满足。同理在价格模型中,用户最容易接受的价格区间对应的宝贝会被优先展示。

价格优化时首先根据客户搜索占比最高的价格区间来设定产品价格,其次还要考虑成本和利润等综合来定价。例如我们在搜索苹果水果的时候,通过筛选条件看到消费者选择占比最多的价格区间,如图 3.41 所示。60% 的客户选择 24 元—58 元的价格区间,那么我们在定价时可以参考这一数据并根据自己产品情况进行定价。

图 3.41　价格区间

（2）优惠营销

优惠营销是抓住客户的贪婪心理,运用一些优惠打折手段进行营销。优惠手段包括买一送一、第二件半价等,下面分别进行讲解。

①买一送一

买一送一多即购买一件产品可以得到一件小礼品,通过附赠品提升产品价值,刺激消费者,如图3.42所示。商家在选择赠品的时候,要选择对客户有用的赠品,同时要对产品严格把控、注意质量等问题,细节决定成败,避免客户因为赠品的原因而给商家差评。

图3.42　买一送一

②第二件半价、第二件免单、首件优惠

第二件半价、第二件免单即客户在购买第二件相同产品时会享受优惠,与首件优惠刚好相反,不过结果是一样的。商家要注意在开展此活动时必须标明一件不包邮,想要包邮就必须满足包邮条件,购买一定金额或一定件数。如果没有标明条件的话,客户可能只购买一件产品。如图3.43所示。

这三种活动可以提高产品的销量以及转化率,容易打造出爆款产品,会对店铺带来一系列的流量。

图3.43　第二件半价、免单、首件优惠

③限时立减、满减

限时立减即在活动的时间内购买产品会得到优惠;满减即购买满一定额度可以得到优惠,

例如 50 元减 5 元、100 元减 15 元等。如图 3.44 所示。这两种活动都适合在双十一促销活动或者新品上市时开展,两种优惠方式都可以促进消费,提升客单价,其中满减活动还可以促使客户为了得到优惠购买多种商品,提升转化率。

图 3.44　限时立减、满减

（3）情感营销

人的潜意识是受情感驱动的,而非逻辑。所以只要产品触动了用户的心灵,或者当客户面临一个让他感同身受、产生怜悯的场景时,就会产生一种要为这个群体做点事情的冲动,客户的同情心理就这样产生了。例如,苹果等初级农产品,因为农民阶级的局限性,市场很容易大幅度波动,造成商品挤压、贬值、损失惨重。如图 3.45 所示,可以根据情感营销的方式促进销量。

图 3.45　情感营销

（4）反差营销

卖家主图千篇一律,追求主图精美、诱惑、有创意,在别人主图风格现有的基础上,添加自己的创意进行优化,但是不要忽略了创意真正的含义。正常反面即是反差,别的商家追求精益求精,那我们可以追求简单丑陋返璞归真,如图 3.46 所示,图片中的苹果是生活中常见的样子,但与其他商家完全不一样,可以引起消费者的好奇心,提高点击率。

图 3.46　反差

3. 优惠营销应用

在学习了营销策略之后,我们了解到在进行商品策划时,可以抓住客户心理进行营销,不同的营销策略目标不同,可以是为了增加点击率,也可以是为了增加利润还可以是为了增加转化率。

如果我们有一个卖手机壳的天猫商城,主打一款透明手机壳如图 3.47 所示,

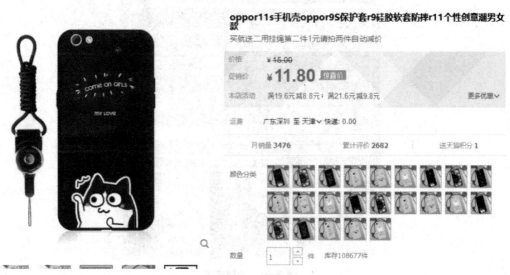

图 3.47　手机壳

从淘宝筛选中可以看出客户购买手机壳 59% 选择价格区间为"11-28",如图 3.48 所示。这款手机壳定价为 11.8 元,正好符合大多数客户的搜索要求。

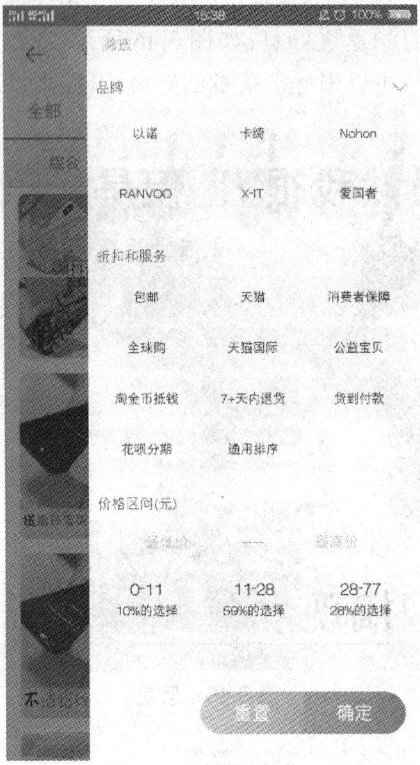

图 3.48　价格区间

并且其优惠方式"收藏加购送两用吊绳"可以促进客户的收藏加购数量,间接地提升产品的转化率;"第二件 1 元"活动,促进客户的消费愿望,提升产品的销量。如图 3.49 所示。

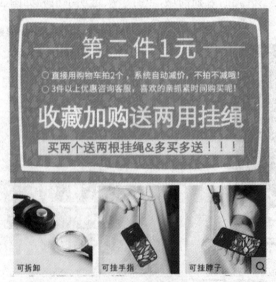

图 3.49　营销策略

在学习了营销策略之后,如果需要你对本款手机壳进行营销策略的制定,那么你应该如何制定呢?

技能点6　渠道引流

1. 引流简介

淘宝不仅有搜索引擎,同时还是一个体系庞大的网站群,拥有众多的子网站、子频道,有各式各样的频道活动,商家在淘宝内部可以参加活动,例如天天特价,全球购等进行引流即站内引流。在淘宝之外商家可以利用社区网站、APP 应用引流,即站外引流。站内站外活动引流都可以增加产品的 SEO 权重排名。

2. 引流方式

下面我们详细分解站内引流和站外引流,如图 3.50 所示,站内分为淘宝营销活动、淘宝头条,站外分为豆瓣、知乎、天涯、专业网站、微信、微博等,这些只是一小部分,站外引流渠道还有很多,大家可以发散思维不断拓展。

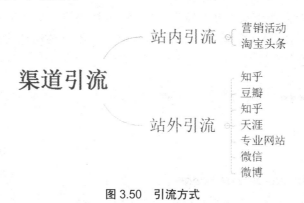

图 3.50　引流方式

(1)站内引流

①营销活动

淘宝除搜索引擎外还有很多活动频道,日常营销活动,直接在首页展示入口,流量巨大,是淘宝免费流量的重要渠道。日常营销活动包括各类行业营销活动天天特价、淘抢购、淘金币等,其活动多达几百种,卖家可以根据自己的类目尽量多报名参加活动。如图 3.51 所示为淘宝营销报名页面。

对于新店来说最重要的是天天特价活动,天天特价定位为淘宝网小卖家扶持平台,其专门扶持货品独特、独立货源、有一定经营潜力的小卖家,为小卖家提供流量增长、营销成长等方面的支持。其报名、审核、排期和展现均为系统自动化,不收取任何费用。

营销活动众多、复杂,不能一一介绍,请自行了解学习"淘宝官方营销活动中心"。

图 3.51　淘宝营销报名页面

②淘宝头条

淘宝头条是将自媒体内容生产者与用户、卖家、品牌等众多角色一一串联起来的平台,其使得内容有了多样的变现渠道,当然这要基于内容的优质。淘宝头条真正的意义,在于为用户提供更大的信息量。以往用户进行货架商品筛选时,耗时太多,并且对商品知识了解有缺失,内容则可以帮消费者了解商品,提高筛选效率。

淘宝头条首页内容:淘宝头条分为最头条、爱穿搭、数码控等几个版块。每个版块下面,分别提供不同类目的内容资讯,资讯中可以添加产品链接,不过要注意的是,必须是淘系链接。如图 3.52 为淘宝头条首页。

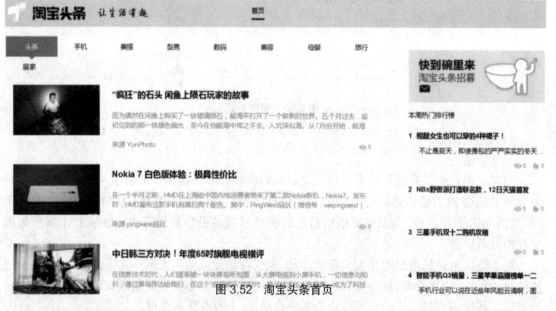

图 3.52　淘宝头条首页

在淘宝头条上发布内容,内容生产者需要围绕的不仅仅是商品,还需要有靠谱的资讯内容,紧靠用户所需。

商家与淘宝头条合作方式分为以下两种:

● 后台提交

平台会为合作伙伴快捷开通头条后台账号,只需按照说明在后台提交内容,小二会在 2 个工作日内进行审核,审核通过的内容即可在头条中展现。

● 系统对接

部分合作伙伴内容丰富且优质,但数量较多后台提交成本太大时,则会通过双方系统对接来实现内容的接入,同样会对内容进审核,审核通过的内容才可在头条中展现。

（2）站外引流

①豆瓣

豆瓣是一个可以分享电影、书刊、音乐等并进行评论的社区网站,其用户多是有良好教育背景的文学小资青年,客户质量较高;其每天的访客几百万、流量几千万,在世界范围排名靠前,如图 3.53 所示。在豆瓣上发布产品信息会给产品带来免费流量,是很多淘宝卖家和淘宝客的重要引流渠道。

图 3.53　豆瓣排名

● 在"市集"中"东西"发布宝贝

如图 3.54 所示,在"市集—东西"下分为女装、女鞋、男装等很多类,商家根据自己经营的产品在各类下面发布,发布的宝贝都有喜欢数,一般喜欢数越多排名越靠前,就可以得到更多的流量。

● 加入豆瓣小组

豆瓣中有很多几万人甚至几十万人的小组,可以在小组发帖打广告。并且其中也有很多做淘宝的,在首页搜索框输入"淘宝"可以搜出很多购物小组,有些小组会有招商活动,商家可以报活动或者和小组组长联系,给他佣金让他帮忙推广。当然豆瓣还有很多推广方法,可以自己去发现。

需要说明的是现在豆瓣竞争比较激烈,并且运营高手很多,在豆瓣做运营要做好心理准备,它是一个长期项目,不可能短时间内有效。

②知乎

知乎是连接各界精英、用户可以在其平台分享各自知识经验的网络问答社区。知乎上的客户群体文化、收入等相对较高,适合高客单价、高质量、有品味的产品。在知乎机构号内商家可以提问或者发表一些有深度内涵、知识攻略的文章,在社区互动沟通,吸引用户关注,并且其中有营销工具和运营工具等,如图 3.55 所示。

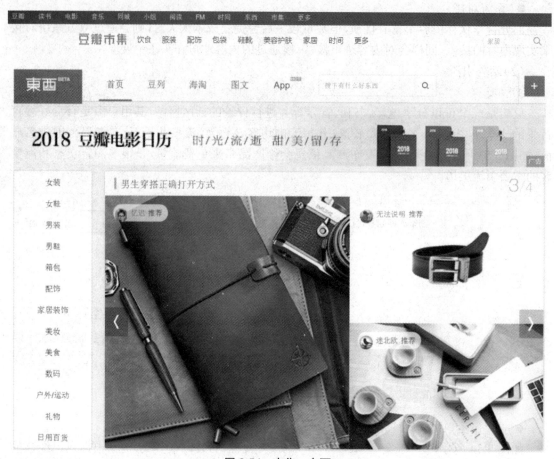

图 3.54　市集—东西

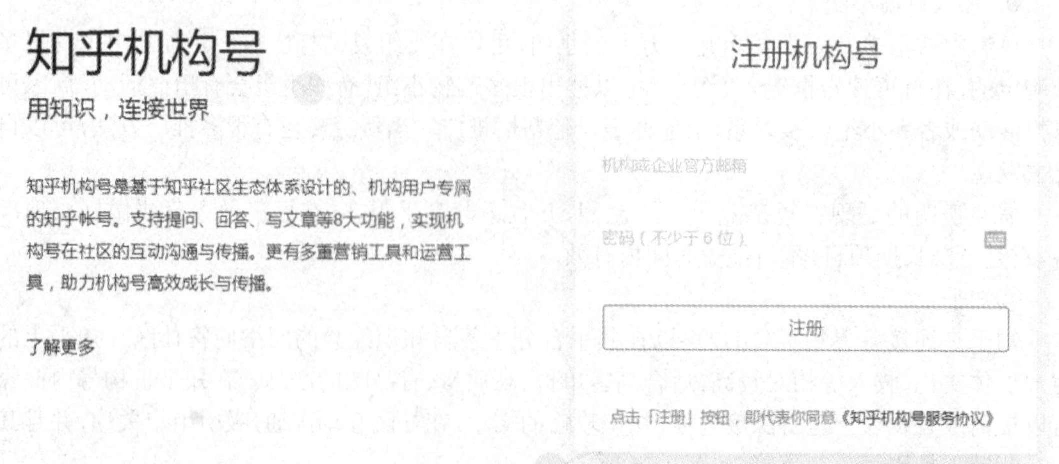

知乎机构号

用知识，连接世界

知乎机构号是基于知乎社区生态体系设计的、机构用户专属
的知乎帐号。支持提问、回答、写文章等8大功能，实现机
构号在社区的互动沟通与传播。更有多重营销工具和运营工
具，助力机构号高效成长与传播。

了解更多

注册机构号

机构或企业官方邮箱

密码（不少于6位）

注册

点击「注册」按钮，即代表你同意《知乎机构号服务协议》

图 3.55　知乎机构号

③微信公众号

微信公众号是微信的一个基础功能模块,通过公众平台,无论是个人、企业、政府机构都可以打造一个微信公众号,并且可在微信公众号上发布文字、图片、语音、视频等。如图 3.56 所示为微信公众平台首页。众所周知,微信拥有庞大的用户基数,并且公众号分类明确,商家可以根据销售的产品来建立自己的公众号,同时商家需要知道微信中客户群体需要自己积累,发展用户是重中之重,在销售产品时注意经营客户。

图 3.56　微信公众号首页

④微博

微博是信息交流与分享的平台,用户通过关注可以实时获取信息并且用户可以发布 140 字(包括标点符号)的文字来分享信息。如图 3.57 所示为微博首页。微博信息发送速度快,传播范围广,其更注重时效性和随意性。微博用户以年轻用户居多,适合推广一些新奇、有特点、流行时尚类目的产品。

图 3.57　微博首页

3. 站内引流应用

学完引流渠道之后，我们了解了有哪些方式引流，通过引流增加产品的销量，增加产品的 SEO 权重，不同的引流渠道适合的类目不同，不同的渠道适合人群不同。

例如"听心"店铺，其在为自己的产品推广时，在淘宝头条发布文章，如图 3.58 所示。

气质不仅重要，这样穿让你职场尽显女王范

作为一个女人，每天最大的烦恼就是穿搭了，而作为一个女强人毫无例外，穿搭也是很烦恼的，毕竟要想做一个女强人一个职场上的赢家肯定不能穿的太过随意，也不能穿的太淑女，更加不能穿的特别花哨，女强…

来源 环球潮流风尚　　　　　　　　　　　　　　　👁 1.2万

图 3.58　文章

在文章内以链接加文字介绍的方式来介绍产品时客户可以更好地了解产品，通过淘宝头条点击的商品，转化率相对较高。如图 3.59 所示。

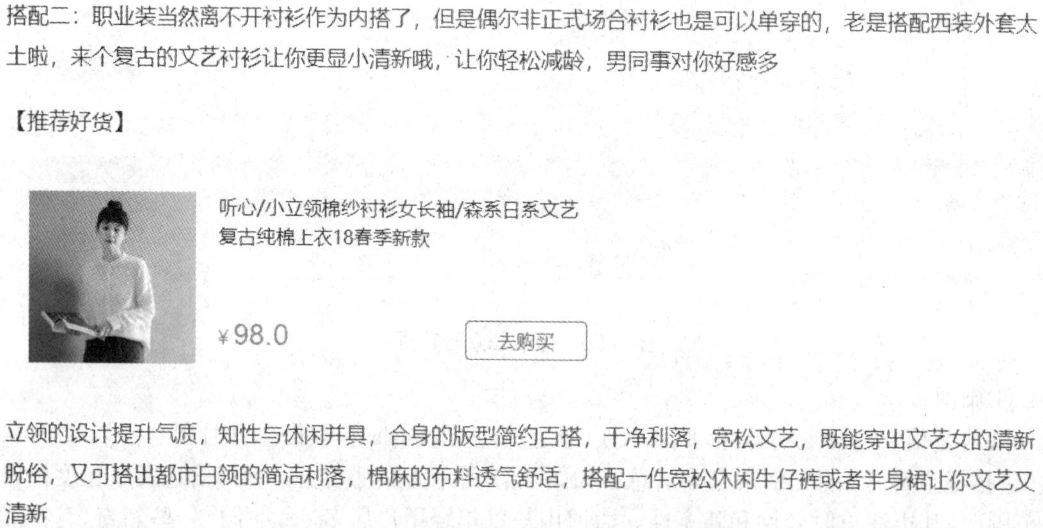

搭配二：职业装当然离不开衬衫作为内搭了，但是偶尔非正式场合衬衫也是可以单穿的，老是搭配西装外套太土啦，来个复古的文艺衬衫让你更显小清新哦，让你轻松减龄，男同事对你好感多

【推荐好货】

听心/小立领棉纱衬衫女长袖/森系日系文艺
复古纯棉上衣18春季新款

¥98.0　　　　　　　去购买

立领的设计提升气质，知性与休闲并具，合身的版型简约百搭，干净利落，宽松文艺，既能穿出文艺女的清新脱俗，又可搭出都市白领的简洁利落，棉麻的布料透气舒适，搭配一件宽松休闲牛仔裤或者半身裙让你文艺又清新

图 3.59　产品介绍

在学习渠道引流之后，如果需要你对此产品进行引流，你会选择用什么样的方式呢？

苹果基础 SEO 优化

（1）简介

运用工具辅助分析数据，实现苹果基础 SEO 优化，在优化过程中制作黄金标题、填写基础属性、设计优质详情页、分析黄金上下架时间。

（2）操作步骤

第一步：在生意参谋中，流量里进行流量解析，搜索关键词"苹果水果"分析苹果各项数据。如图 3.60 所示，可以看出购买苹果的客户群体主要分布在移动端占比 62.3%，所以我们找关键词时以移动端为主，电脑端为辅。

图 3.60 苹果水果展现指数

第二步：用流量解析工具分析每个词一年内的平均展现，分析之后整合在一个表格内，如表 3.1 所示，根据表内关键词的展现数量排名组合打造黄金标题（30 或者 60 个字符）。

表 3.1　关键词排名整理

关键词	展现	关键词	展现
苹果水果	100 000	苹果包邮	10 000
苹果红富士	90 000	苹果山东	5 000
苹果新鲜	40 000	吃的苹果	4 000
苹果非冰糖心	20 000	苹果现摘	3 000
苹果烟台	20 000	红苹果	1 500
苹果 5 斤	10 000	大苹果	1 000
苹果 10 斤	10 000		

组合后标题：苹果水果 新鲜现摘山东烟台大红富士吃的苹果 5 斤 10 斤包邮非冰糖心

第三步：正确详细填写苹果的属性，如图 3.61 所示，对每一个属性进行详细填写，有利于增加产品的权重值。

图 3.61　填写属性

第四步：根据消费者心理制作详情页，客户想买苹果最关心有以下几点：

①苹果好不好吃？口感怎么样？苹果有没有营养？

②用来送礼好不好看？

③苹果属于生鲜水果,快递速度快不快?

④苹果易碎,就要求必须包装结实、牢固、防震,我们的包装好不好?

根据客户关心的方面,制作如图 3.62 所示为产品详情页。

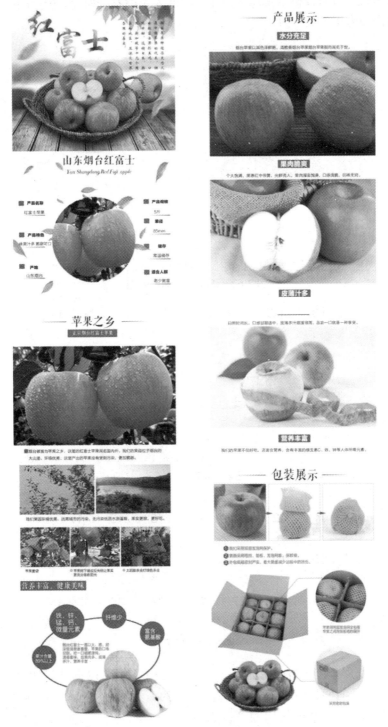

图 3.62　产品详情页

第五步：正确选择苹果的上架时间，统计12月初销量排名前50家上架时间。

12月3日4家、12月4日4家、12月5日12家、12月6日8家、12月7日2家、12月8日8家、12月9日6家，从中可以看出竞争最少为12月7日，待选12月3日与12月4日。

通过流量解析工具来分析展现流量指数与时间关系图表。如图3.63所示，可以看到流量在每周的流量高峰为周一至周四。

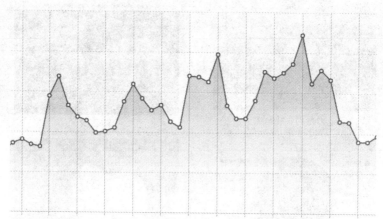

图 3.63　流量与时间关系图

如图3.64所示，从日历中可以看到12月3日为周日，所以排除12月3日，剩下12月7日与12月4日。

图 3.64　日历

周一到周四都属于流量高峰期，但是从上述对比中了解到12月7日竞争少，所以我们选择12月7日这一天，时间我们选择晚高峰22点，因为在下架的一整天产品排名靠前。以上综合分析所得我们选择上架时间为12月7日22点。

通过对淘宝水果类目苹果免费引流的学习,掌握对 SEO 优化模型的原理,熟悉各种影响 SEO 模型的优化方法,熟悉淘宝营销活动中心,了解其他各种站外引流渠道。建立一个免费引流的概念体系。SEO 优化等引流方式不是一朝一夕的工作,需要长期努力的坚持,不断的细化所有可以影响店铺或产品权重的因素,才能使店铺或者产品的权重和排名稳定上升。

渠道	channel	排除……的可能	to exclude
商业	business	日历	calendar
搭配	collocation	影响	influences
基础	basis	水果	fruit

一、选择题

1. SEO 的定义(　　)。

A. 直通车优化　　　　　　　　　　B. 钻石展位优化

C. 搜索引擎优化　　　　　　　　　D. 标题优化

2. 属于免费引流的渠道(　　)。

A. 直通车　　　　　　　　　　　　B. 天猫

C. 天天特价　　　　　　　　　　　D. 钻石展位

3. 不同于 SEO 优化因素的是(　　)。

A. 类目模型　　　　　　　　　　　B. 文本模型

C. 卖家模型　　　　　　　　　　　D. 物流模型

4. 制作标题描述不正确的是(　　)。

A. 避开极限词　　　　　　　　　　B. 精准相关性

C. 最大限度引流　　　　　　　　　D. 随意组合

5. 描述分析上下架时间不正确的是(　　)。

A. 选择同行上架高峰高峰期　　　　B. 选择每周流量高峰期

C. 选择每日流量高峰期

二、上机题

1. 制作 2 张高点击率主图(自行设计)。

第四章 淘宝食品类目提拉米苏付费引流

通过利用钻石展位对提拉米苏引流过程的学习,了解付费引流的优点,熟悉定制计划的方式,掌握钻石展位操作过程,具有利用钻石展位引流的能力,在任务实现过程中:

- 了解付费引流的优点。
- 熟悉定制计划的方式。
- 掌握钻石展位的操作过程。
- 具有利用钻石展位引流的能力。

现在,淘宝店铺的竞争压力越来越大,只依靠免费引流推广并不能为店铺带来很多的流量,这时候就需要新的推广方式,抢占先机帮助店铺推广。因此,我们需要利用直通车、钻石展位等付费引流的方式来增加产品的曝光度,获得更多的点击与流量。本章节主要通过提拉米苏实操钻石展位的步骤分析,学习如何为产品进行高效率的推广,使产品获得更多的流量以及点击率。

技能点 1　直通车操作与优化

1. 直通车介绍

（1）简介

直通车是在淘宝搜索引擎基础上发展而来的一种以图片和关键词结合的广告形式。卖家通过设置与推广商品相关的关键词和出价（出价最高即可排名第一页第一位），使得买家在搜索相应关键词时，商品得到展示，实现精准营销，卖家则按所获流量（点击数）付费。如图4.1所示。

卖家加入淘宝或天猫直通车，即默认开通搜索营销。直通车按竞价排名，但是顾客通过点击直通车产生的浏览、购买等行为产生的权重会增加到自然搜索引擎 SEO 权重。

图 4.1　直通车的介绍

（2）直通车的优势

①直通车按点击付费，展现不需要付费；每个计划、每件商品可以设置 200 个关键字，卖家可以针对每个竞价词自由定价。单次点击扣费 =（下一名出价 * 下一名质量分）/ 本人质量分 + 0.01 元。

②直通车依托淘宝搜索引擎庞大的用户群体，每天几亿活跃客户。

③精准投放，可以根据人群、时间、地区等多维度进行个性化自由推广。

（3）直通车展示位置

展示位置就是淘宝直通车在搜索引擎页面展示的位置，淘宝直通车展示位置分为电脑端和移动端。

①直通车电脑展示位置

直通车在电脑端的展现形式有"掌柜特卖"标志。搜索关键词后搜索结果页第一排第一个是直通车第一名，左下角有掌柜热卖标志。如图4.2所示，可以看到"掌柜特卖"标志。

图4.2　直通车电脑端展示位置

在淘宝网热卖页面中全部都是淘宝直通车,另外还有爱淘宝页面位置,主要由站外进入爱淘宝页面。

②直通车移动端展现位置

直通车在移动端展示位置非常明显,在搜索引擎搜索结果首屏展示位,展现形式醒目,移动端直通车产品左上角有英文 HOT 标志。如图4.3 所示,可以看到"HOT"标志。

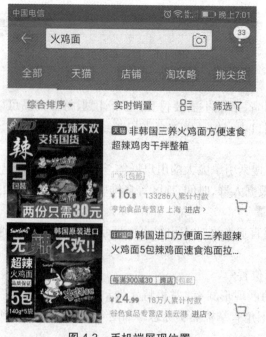

图4.3　手机端展现位置

（4）直通车操作流程如图4.4所示。第一步：新建计划；第二步：选择宝贝；第三步：添加创意；第四步：添加关键词；第五步：设置出价（具体步骤在下面会讲解）。

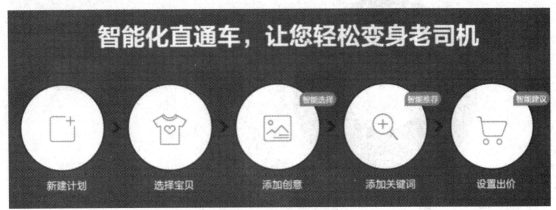

图4.4　直通车操作流程

2. 直通车操作要点

（1）标准计划

标准计划是直通车的总计划，每个标准计划下可以建立子计划，即宝贝计划。每个标准计划只有一个总的参数设置，默认应用到此标准计划下的每个宝贝计划。我们以零食类目的提拉米苏为实例操作讲解详细完整的直通车操作流程。

新建的计划是标准计划，一般来说最多可以申请8个标准计划。标准计划一旦建立不能删除，只能暂停，如图4.5所示。

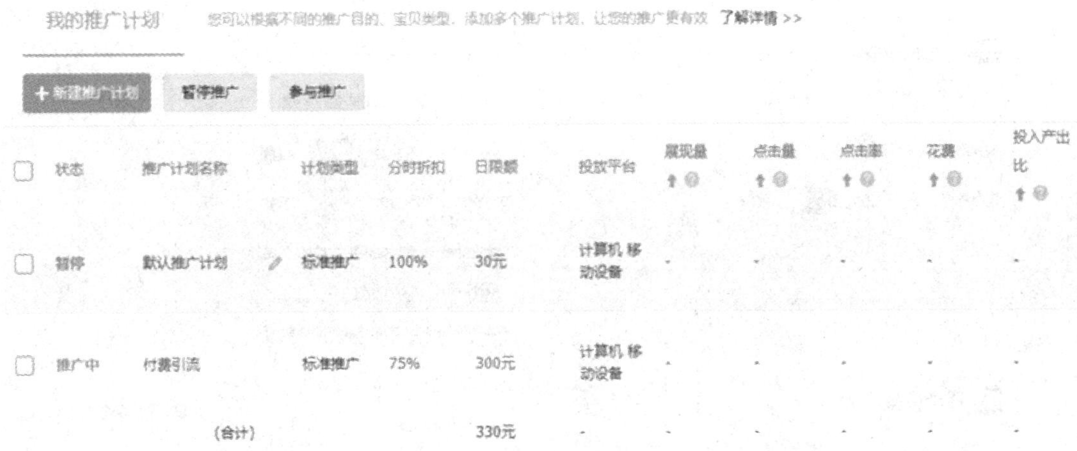

我的推广计划　　您可以根据不同的推广目的、宝贝类型，添加多个推广计划，让您的推广更有效　了解详情 >>

＋新建推广计划　暂停推广　参与推广

状态	推广计划名称	计划类型	分时折扣	日限额	投放平台	展现量	点击量	点击率	花费	投入产出比
暂停	默认推广计划	标准推广	100%	30元	计算机 移动设备					
推广中	付费引流	标准推广	75%	300元	计算机 移动设备					
	(合计)			330元						

图4.5　新建计划状态

标准计划需要设置平台、日限额、投放时间以及投放区域四个方面，下面分别进行讲解。

①平台设置

平台设置是设置直通车在哪个平台端口投放，平台端口分为淘宝站内和淘宝站外，由于人们的生活工作习惯不同、使用平台端口不同，所以数据维度差距较大。我们需要运用工具进行端口流量数据分析。如图4.6所示，可以看到几乎所有人群都是用淘宝站内端口。

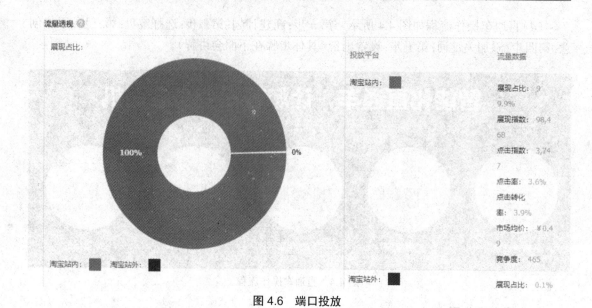

图 4.6　端口投放

　　以提拉米苏为实例操作，建立好计划后，在设置投放平台打开投放按钮，投放分为设备的淘宝站和淘宝站外，站外投放效果不理想，我们关闭不投放。（移动折扣是移动端与 PC 端实时的出价比例），如图 4.7 所示。

设置投放平台

- 您可通过点击 　　 来设置是否投放，"⚠" 表示暂不可投放
- 您只有投放淘宝站内的定向推广后，才能选择投放淘宝站外的定向推广，了解详情 >>

💻 计算机设备：

淘宝站内	淘宝站外 ⓘ　　网站列表 >>
搜索推广：ⓘ 投放	搜索推广：不投放　投放
定向推广：不投放　投放	定向推广：不投放　投放
	投放价格 = 淘宝站内投放价格 * 站外折扣
	站外折扣：100 % ✎
	1　　100　　200

📱 移动设备：　　　　　　　　　　　　　　　　🎥 无线直通车技巧

淘宝站内 ⓘ	淘宝站外 ⓘ
推广：不投放　投放	推广：不投放　投放
投放价格 = 计算机淘宝站内投放价格 * 移动折扣	投放价格 = 计算机淘宝站外投放价格 * 站外折扣 * 移动折扣

移动折扣：100 % ✎

1　　200　　400

图 4.7　设置投放平台

②设置日限额

日限额是每个标准计划每天花费上限额度,简单来说今天花费达到了日限额,这个标准计划会自动下线停止推广,第二天继续投放,如此循环。那日限额如何设置才最合理?这个额度每天能给我们带来多少成交单数?

通过流量解析工具查询可得,提拉米苏平均点击单价 0.5 元,平均转化率 4%,通过计算 0.5/0.04=12.5,直通车平均成交花费 12.5 元。直通车日限额我们设置 300 元,如图 4.8 所示,一天普通概率计算成交单数为 300/12.5=24 单,一个月直通车销量为 24*30=720 单,加上自然销量 500 单左右,月销量会突破 1 000 单,我们的宝贝会在搜索引擎有一个不错的权重与排名。

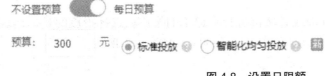

图 4.8　设置日限额

③设置投放时间

投放时间是在每个宝贝计划每个关键词的基础上进行不同时间不同程度的溢价,例如 A 宝贝 B 关键词出价 1 元,在中午 12 点溢价 20%,那么中午 12 点 B 关键词出价就是 1.2 元。

新品宝贝选择全日制模版,推广 2 个星期后改为所属行业模版。投放时间主要根据人们日常工作生活作息时间为依据,也可以自定义。如图 4.9 所示。

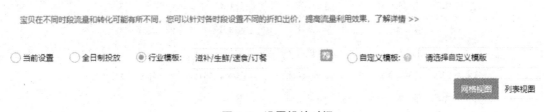

图 4.9　设置投放时间

框选如图 4.10 所示中的小格子可以修改时间溢价,共 2 个维度:星期和小时。最佳投放时间与第三章上下架时间分析的方法一致;溢价多少可以参考行业模版,再根据自己产品类目属性、店铺资金实力,在行业模版基础上增加或减少,溢价越多,关键词排名越高,得到的流量就越多。

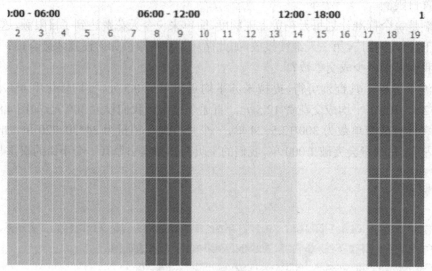

图 4.10　修改时间溢价

④设置投放地域

设置投放地域是设置在哪个省份或者城市进行直通车的推广。选择投放的具体地域省市，正常情况我们剔除偏远地区省市，其他省市都选择投放。如图 4.11 所示。

设置投放地域

您可以根据该计划内的您想主推的商品品类在各地区的搜索、成交、转化表现，选择您希望投放的区域。各品类在不同区域的数据表现可以通过左侧栏"工具>>流量解析"功能查看，了解详情 >>

省/市 🔍

	请选择投放区域			
☐ 华北地区	☑ 北京	☑ 天津	☑ 河北 (11) ▼	☑ 山西 (11) ▼
	☑ 内蒙古 ▼			
☑ 东北地区	☑ 辽宁 (14) ▼	☑ 吉林 (9) ▼	☑ 黑龙江 (13) ▼	
☑ 华东地区	☑ 上海	☑ 江苏 (13) ▼	☑ 浙江 (11) ▼	☑ 福建 (9) ▼
	☑ 安徽 (17) ▼	☑ 山东 (17) ▼		
☑ 华中地区	☑ 河南 (18) ▼	☑ 湖北 (17) ▼	☑ 湖南 (14) ▼	☑ 江西 (11) ▼
☐ 华南地区	☑ 广东 (21) ▼	☐ 海南 ▼	☑ 广西 (14) ▼	
☐ 西南地区	☑ 重庆	☑ 四川 (21) ▼	☑ 云南 (16) ▼	☑ 贵州 (9) ▼
	☐ 西藏自治区 ▼			
☐ 西北地区	☑ 陕西 (10) ▼	☐ 甘肃 ▼	☐ 青海 ▼	☐ 宁夏回族自治区 ▼
	☐ 新疆维吾尔自治区 ▼			
☐ 其他地区	☐ 台湾	☐ 香港	☐ 澳门	☐ 国外

图 4.11　设置投放区域

　　具体应该以流量解析所得数据为主,具体情况具体设置。如图 4.12 所示,可以看到提拉米苏在各个省份的展现指数排名,其中山东省排名第一,商家在设置投放区域时,可以参考数据选择性投放。

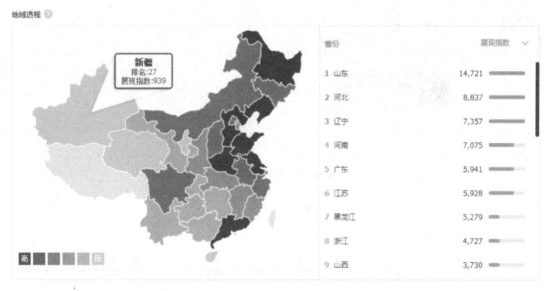

图 4.12　展现指数排名

　　(2)宝贝计划
　　宝贝计划就是指定的产品计划,每个标准计划下可以建立无数个宝贝计划,但是宝贝计划不能重复。商家最多可以申请 8 个标准计划,也就是说一个宝贝可以有 8 个计划,用 8 个宝贝计划来付费引流。宝贝计划需要新建计划、添加创意、添加关键词三个步骤,下面分别进行讲解。
　　①新建计划
　　理论上可以建立所有的宝贝计划,但是我们的精力和金钱是有限的,所以商家需要集中有限的资金主力打造几款在价格、成本、质量、款式等方面均有优势的爆款商品。
　　如图 4.13 所示,点击"新建宝贝推广"进入建立宝贝计划页面。
　　②编辑创意
　　直通车创意分为创意图片和创意标题,如图 4.14 所示。创意图片可以在主图中选取一张,如果我们有精品创意(只对部分卖家开放),则可以将精品创意图作为直通车搜索推广图片。创意标题尽量是跟我们产品属性相关的词语。
　　● 创意标题
　　创意标题影响着直通车关键词的相关性。在直通车选词的时候,如果对标题中的关键词相关性不满意,可更改删除,有可能使得一些词的质量分降低,权重排名会降低,所以制作创意标题最重要的原则就是包含所有直通车选词,才能提高直通车词的相关性。创意标题制作原则:主词不变,重要属性词不变,修饰词可以变,让四个创意标题尽量把直通车选词全部加进去,每个创意标题加一部分就可以了。

图 4.13　新建宝贝计划

图 4.14　直通车创意

制作提拉米苏的创意标题

第一步：把直通车提拉米苏计划下所有词都复制出来。如表 4.1 所示。

表 4.1　关键词

夹心蛋糕	俄罗斯提拉米苏蛋糕	提拉米苏	提拉米苏蛋糕	俄罗斯零食	千层
蜂蜜蛋糕	俄罗斯提拉米苏	蛋糕	芝士奶酪蛋糕	提拉米苏蛋糕	俄罗斯蛋糕
零食蛋糕	正宗进口提拉米苏	奶油蛋糕	奶油蛋糕零食	俄罗斯	早餐
蛋糕零食	拉米苏千层蛋糕	进口零食	千层蛋糕		

第二步：把重复的词去掉组成一句通顺的标题。

正宗进口俄罗斯提拉米苏蛋糕千层奶油芝士奶酪蜂蜜夹心蛋糕零食早餐

第三步：分拆成 4 个创意标题，每个标题 20 个汉字或者 40 个字符，主词和主属性词不变

a. 正宗进口俄罗斯提拉米苏千层蜂蜜夹心蛋糕

b. 俄罗斯提拉米苏蛋糕千层奶油蛋糕零食早餐

c. 俄罗斯提拉米苏蛋糕千层奶油芝士奶酪蛋糕

d. 正宗进口提拉米苏蛋糕千层奶油蜂蜜夹心蛋糕

● 创意主图

每个计划四个创意，所以就可以有四张不同的创意主图，四张创意图一定不要雷同，尽量做四种不同的风格，不同的创意，不同的卖点，抓住顾客的心理和眼球，最大化的提高点击率。如图 4.15 所示。

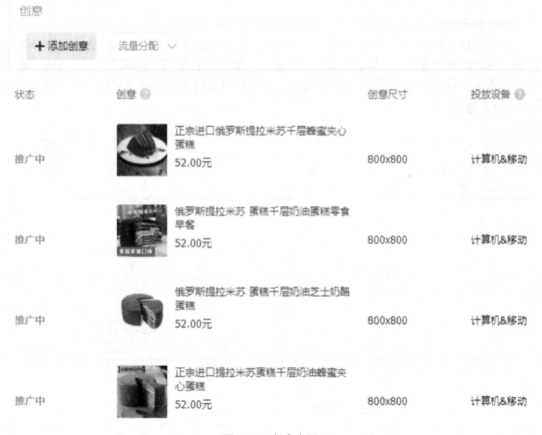

图 4.15　创意主图

创意主图要测试一段时间，不断的优化，只留下点击率最高的创意图。测试的时间要把流量分配选择优选，固定投放，这样才能知道四个创意中哪个创意图点击率最高，后期高点击率创意图多了，就可以选择轮播，让每个创意主图都能实现最大化引流。如图 4.16 所示。

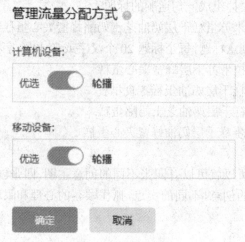

图 4.16　播放形式

③添加关键词

直通车也有标题,每个创意都有一个标题,直通车标题与产品标题原理是一样的,可以参考第三章产品标题制作,只不过直通车创意标题长度相对较短,只有 40 个字符。但是每个宝贝计划直通车可以有 4 个标题,也就是每个宝贝计划最多可添加 200 个关键词。如图 4.17 所示,添加关键词。

状态 ∨	全部 ∨	关键词 ∨	计算机质量分 ⊙	移动质量分 ⊙	过去一小时平均排名(14:00~15:00)		计算机出价 ⊙	移动出价 ⊙	展现量 ⊙
					计算机排名	移动排名			
推广中		智能匹配 ⊙	-	-	-	-	0.10元	0.10元	
推广中		水果千层蛋糕盒			无展现	无展现	0.49元	0.50元	
推广中		夹心蛋糕			无展现	无展现	0.46元	0.44元	
推广中		俄罗斯提拉米苏蛋糕			无展现	无展现	0.27元	0.31元	
推广中		俄罗斯提拉米苏			无展现	无展现	0.28元	0.32元	
推广中		提拉米苏蛋糕			无展现 分布	无展现 分布	0.48元	0.48元	
推广中		提拉米苏千层蛋糕			无展现	无展现	0.32元	0.36元	
推广中		提拉米苏			无展现	无展现	0.33元	0.38元	

图 4.17　添加关键词

关键词可以从均衡包、流量包、转化包、移动包中选择。对于新手,建议开始在转化包里选词。开头以精准长尾词为主,转化率和流量为主要指标,转化率越高,我们总体推广费用越低,推广效果越好,提升权重越多。后期需要更多销量再以大流量类目词为主,随之也需要投入更多推广费。如图 4.18 所示,推荐关键词。

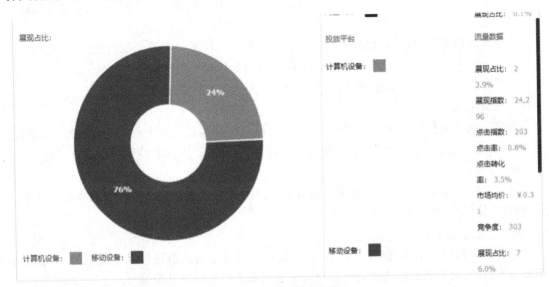

2.2 买词及出价

推荐关键词

＋ 更多关键词　　批量改价 ∨　　修改匹配方式

关键词	计算机质量分	移动质量分	展现指数	计算机出价	移动出价	匹配方案
水果千层蛋糕盒	-	-	2,643	0.49元	0.50元	广泛匹配 ∨
夹心蛋糕	-	-	5,472	0.46元	0.44元	广泛匹配 ∨
俄罗斯提拉米苏蛋糕	-	-	44,518	0.27元	0.31元	广泛匹配 ∨
俄罗斯提拉米苏	-	-	30,694	0.28元	0.32元	广泛匹配 ∨
提拉米苏蛋糕	-	-	53,981	0.48元	0.48元	广泛匹配 ∨
提拉米苏千层蛋糕	-	-	10,698	0.32元	0.36元	广泛匹配 ∨
提拉米苏	-	-	98,577	0.33元	0.38元	广泛匹配 ∨
奶油面包	-	-	7,078	0.30元 ✎	0.27元 ✎	广泛匹配 ∨
巧师傅千层蛋糕	-	-	4,057	0.43元	0.36元	广泛匹配 ∨
蛋糕边	-	-	187	0.64元	0.92元	广泛匹配 ∨
抹茶千层	-	-	6,683	0.16元	0.17元	广泛匹配 ∨
芝士奶酪蛋糕	-	-	1,412	0.52元	0.38元	广泛匹配 ∨

图 4.18　推荐关键词

选择关键词还要确定产品在端口展现占比,需要运用流量解析工具分析。通过分析关键词"提拉米苏"所得如图 4.19 所示,计算机设备端占比 24%、移动设备端占比 76%,所以我们选择关键词以移动设备端为主。

展现占比:

24%

76%

计算机设备　■　移动设备　■

投放平台

计算机设备:　■

移动设备:　■

展现占比: 0.1%

流量数据

展现占比: 2
3.9%

展现指数: 24,2
96

点击指数: 203

点击率: 0.8%

点击转化
率: 3.5%

市场均价: ￥0.3
1

竞争度: 303

展现占比: 7
6.0%

图 4.19　端口展现占比

选择关键词原则

● 高相关性：相关性是指所添加的关键词与推广宝贝的相关程度，相关性满分为 5 分，我们前期所选关键词尽量在 5 分左右，因为直通车关键词的排名与相关性和质量分相关性很大，质量分低我们的宝贝排名起点就低，平均点击单价会很高，浪费推广费。

● 高展现指数：所选关键词展现指数最低标准为 1 000，展现指数与关键词的流量成正比，展现指数越高，流量越多，展现指数太低的关键词，分散在成千上万的卖家，平均计算下来数据量太低，没有统计意义。如图 4.20 所示为展现指数大于 1 000 的词语。

关键词	推荐理由	相关性 ↓	展现指数 ↑	市场平均出价 ↑	竞争指数 ↑	点击率 ↑	点击转化率 ↑
<< 俄罗斯进口蛋糕	蓝		33	0.17元	16	2.77%	0%
<< 蛋糕蛋糕	蓝		3710	1.34元	276	3.32%	2.05%
<< 俄罗斯零食	蓝		1657	0.53元	102	6.01%	10.34%
<< 奶油零食	蓝		36	0.39元	13	2.56%	0%
<< 蛋 零食	优 蓝		1145	0.81元	61	4.76%	1.58%
<< 零零食	蓝		934	0.50元	191	2.13%	0%
<< 奶蛋糕	优 蓝		45	0元	19	0%	0%
<< 奶油 千层	蓝		45	0.10元	9	2.04%	0%

图 4.20　展现指数大于 1 000

● 高点击率、转化率：点击率和转化率是直通车的重要内容，是直通车中主要关注的核心数据，点击率、转化率越高，质量分越高，平均点击单价越低。

（3）直通车定向

直通车定向推广依据淘宝网系统庞大的数据库，构建买家潜在购物偏好模型。通过各维度买家模型，依据场景以及位置来推送最易产生成交行为的商品，这样的买家模型称为人群标签。通过定向可以多渠道众多展位定位潜在买家，精准推广，免费展现。

定向人群投放不存在通投可能，但是所有定向推广的资源位必须全部投放，对于流量价值位置上不同的流量价值，系统会通过折扣来保证当前全行业扣费符合流量的价值。

直通车的定向分为人群定向、精准人群定向以及人群定向溢价。

①人群定向

人群定向是对推广宝贝的人群定向设置，目前人群标签设置有多种类型：智能定向、自定义定向，自定义定向分为访客定向、购物意图定向、重定向等。下面对他们分别进行讲解。

● 智能定向

智能定向是综合评估访客、购物意图等多种维度从而挖掘最适合该宝贝的人群。智能定向较精准、流量大、出价低，适合所有店铺定向。

● 自定义定向

除智能定向以外的都可以称为是自定义定向。其可以对人群进行精细的划分，扩展更多精准流量，并且可根据需求选择定向。自定义定向基本分为以下几个维度。

a. 喜欢本店铺访客维度。

喜欢本店铺访客是近 3 个月内，浏览、收藏、加购物车、购买过店铺商品的顾客。定向店铺的老顾客，相对容易引导转化，店铺客户群多的就拥有较多的流量。此维度适合老顾客营销场景，或者老顾客转化高的店铺定向。

b. 喜欢相似店铺访客维度。

喜欢相似店铺访客近 3 个月内，浏览、收藏、加购物车、购买过同类店铺的客户（不包含我们店铺的访客）。相似店铺的老顾客，更容易转化成为自己店铺的老顾客。此维度适合新顾客营销场景，或者客户群不够的，需要更多流量的店铺定向。

c. 购物意图。

根据定向的宝贝标题，系统会自动筛选出可代表该宝贝的多种关键词组合。例如"提拉米苏 俄罗斯"，则对应为有"提拉米苏 俄罗斯"购物意图的买家人群，而买家人群的购物意图是通过其在淘宝内触达的商品分析得出。该维度类似关键词推广，可以挖掘买家潜在爱好，总体流量大并且是精准的流量。适合需要精细划分人群出价及需要更多流量的店铺定向。

d. 搜索重定向。

开通搜索重定向会将宝贝定向给搜索过"该产品设置的关键词推广"的买家。此维度为二次定位、可自由选择人群扩展，适合需要更多扩展人群的店铺定向。

③精选人群定向

人群定向是淘宝系统运用大数据把每个消费者分门别类打上不用的标签，而我们根据自己的产品的特点对这些不同标签的人群重点定向直通车广告。如图 4.21 所示，我们可以看到目前直通车的精选人群定向推广分为以下几类。

图 4.21　精选人群分类

● 优质人群

优质人群是指浏览、收藏、购买过店铺产品的顾客，如图 4.22 所示。这类人群是我们的核心顾客、精准人群，能够激活这些并没有购买或者只是购买一次的客户二次购买，我们溢价 50%，具体溢价要看以后投放数据情况，数据好的维度可以提高溢价。

● 节日人群

节日人群主要针对的是双 11、618 大促、年货节这种全网大促型的活动，在这些活动上领取过店铺优惠券或者加购过产品的顾客，如图 4.23 所示。这类顾客相比优质人群不是非常精准，但这类顾客曾经可能喜欢过我们的产品，由于什么原因当时可能并没有购买，那么现在再次展现到他们的面前，再次激活。

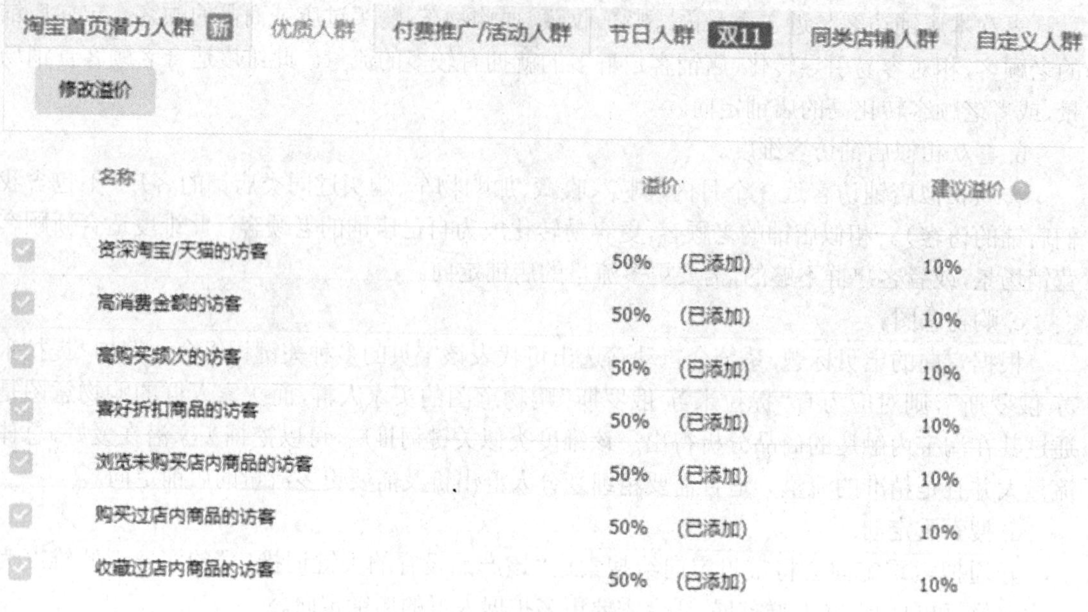

淘宝首页潜力人群 新　优质人群　付费推广/活动人群　节日人群 双11　同类店铺人群　自定义人群

修改溢价

名称	溢价		建议溢价
☑ 资深淘宝/天猫的访客	50%	（已添加）	10%
☑ 高消费金额的访客	50%	（已添加）	10%
☑ 高购买频次的访客	50%	（已添加）	10%
☑ 喜好折扣商品的访客	50%	（已添加）	10%
☑ 浏览未购买店内商品的访客	50%	（已添加）	10%
☑ 购买过店内商品的访客	50%	（已添加）	10%
☑ 收藏过店内商品的访客	50%	（已添加）	10%

图 4.22　优质人群

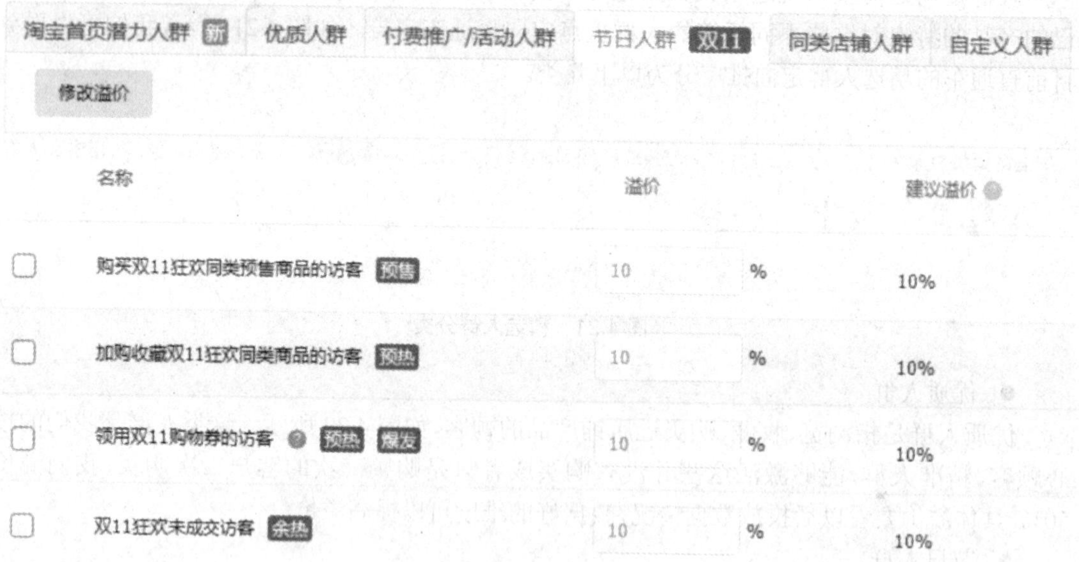

淘宝首页潜力人群 新　优质人群　付费推广/活动人群　节日人群 双11　同类店铺人群　自定义人群

修改溢价

名称	溢价		建议溢价
☐ 购买双11狂欢同类预售商品的访客 预售	10	%	10%
☐ 加购收藏双11狂欢同类商品的访客 预热	10	%	10%
☐ 领用双11购物券的访客 预热 爆发	10	%	10%
☐ 双11狂欢未成交访客 余热	10	%	10%

图 4.23　节日人群

● 同类店铺人群

同类店铺人群是浏览或购买过与我们店铺相似的店铺商品的客户,这些客户是我们的潜在客户人群,如图 4.24 所示。投放这类人群我们需要做到两点。

a. 店铺定位必须精准,否则匹配的同类店铺也就不精准,效果肯定就比较差!

b. 产品与同类店铺必须有差异化的卖点,否则把客户吸引过来,客户看到产品还不如上一家店铺的产品,也就不可能产生购买。

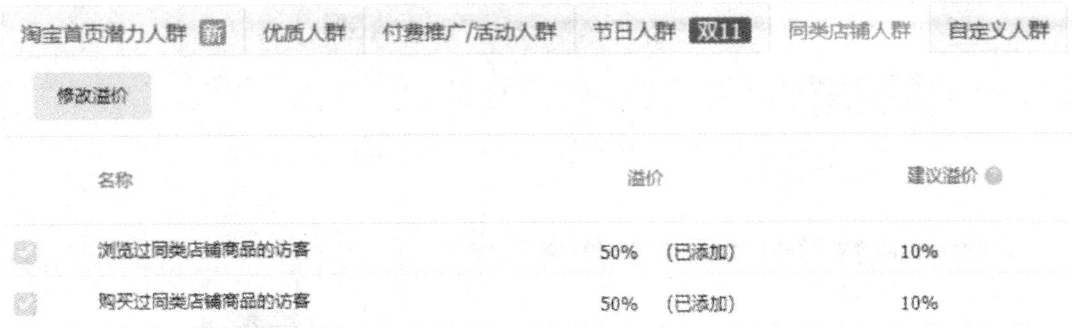

图 4.24　同类店铺人群

- 付费推广 / 活动人群

付费推广 / 活动人群主要针对看过我们店铺的直播或者浏览过我们店铺钻石展位广告的客户,如图 4.25 所示。这个流量就比较广泛,而且目前还有很多的卖家没有开通过直播及钻石展位,所以这个对大多数中小卖家并不是特别有用,但是对于做过钻石展位的大店铺来说,可以尝试投放这类人群引流。

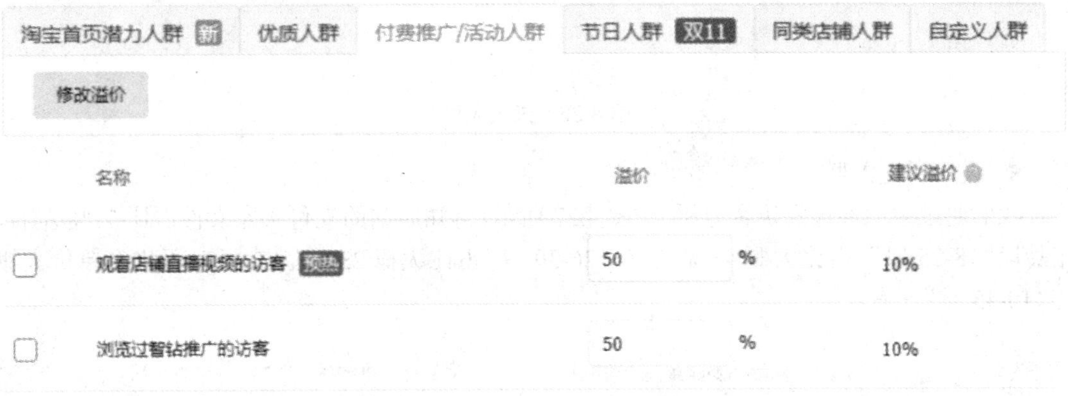

图 4.25　付费推广 / 活动人群

- 天气人群

天气人群是针对产品受众人群所在地区来进行灵活人群圈定,让推广投放到更精准的天气人群地区。如图 4.26 所示。天气人群主要影响行业属性,比如下雨多的地区,雨衣、雨伞比较热销;下雪多的地区,羽绒服、棉衣更畅销;生鲜食品保质期短,气候炎热的地区不易储存,所以我们可以选择天气比较冷的人群;提拉米苏保质期也很短,所以我们选择天气凉爽,比较干燥的人群,暴雪暴雨所处地区人群就不考虑了,运输不易,湿度大。

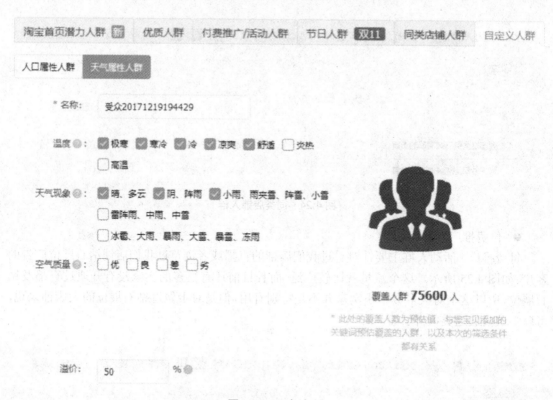

图 4.26　天气人群

● 人口属性人群

我们通过生意参谋的访客分析,如图 4.27 所示,得知店铺的支付买家女性占比 71% 左右,年龄段"18-25 岁",占比大概 45% 左右,"26-30 岁"占比大概 23% 左右,同时平均客单价大概在"10-45 元"左右,

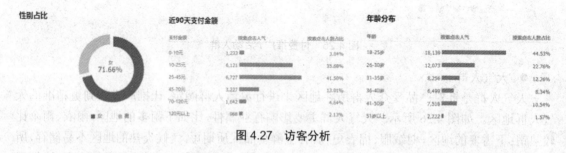

图 4.27　访客分析

那么针对这样一个具体的数据,商家就可以在人口属性人群里边有的放矢的精准投放匹配我们店铺的人群标签了!通过数据分析所得的结果是最精准的,所以自定义属性人群要高溢价,超过 100%,月均消费额全选。如图 4.28 所示。

淘宝首页潜力人群 ██　优质人群　付费推广/活动人群　节日人群 双11　同类店铺人群　自定义人群

人口属性人群　天气属性人群

* 名称：　受众20171219202234

类目笔单价：☐0-10　☑10-20　☑20-50　☐50-100　☐100以上

性别：☑女　☐男

年龄：☐18岁以下　☑18-24岁　☑25-29岁　☐30-34岁
☐35-39岁　☐40-49岁　☐50岁及以上

月均消费额度：☑300元以下　☑300-399元　☑400-549元
☑550-749元　☑750-1049元　☑1050-1749元
☑1750元及以上

覆盖人群 **11000** 人

* 此处的覆盖人数为预估值，与您宝贝添加的
关键词预估覆盖的人群，以及本次的筛选条件
都有关系

溢价：　100　%

图 4.28　人口属性人群

③人群定向溢价

溢价的含义是在关键词出价的基础上提升的比例。如果人群 A 为我们的店铺访客，智能定向出价 1.0 元，店铺访客溢价 10%，那么人群 A 的出价 =1*（1+10%）=1.1 元。如果人群 A 出价 1.1 元，位置 B 溢价 10% 后，其他位置的出价 =1.0 元，仅在位置 B 上出价 =1.0*（1+10%）=1.21 元。

溢价在关键词推广页面，找到搜索人群，在核心客户、潜在客户、自定义人群里设置溢价比例。最后对人群的出价为：关键词出价（1+ 优质人群溢价）（1+ 位置溢价）。如图 4.29 所示。

直通车单品定向推广的展示位置功能，目前可针对当前流量优质的位置进行单独溢价，就是相对通投更高的出价获得优质位置更多曝光机会，有更强竞争力。

①目前开放的站内位置，原来就包含在位置通投内，不是新增位置。

②站内开放位置效果好，所以目前不提供位置停止投放或降低出价的功能。

③关闭溢价等于使用通投出价。

（4）直通车优化

直通车优化需要理论和经验相结合，理论即是直通车权重和质量分的公式，经验是通过实践总结的，即关键词优化。

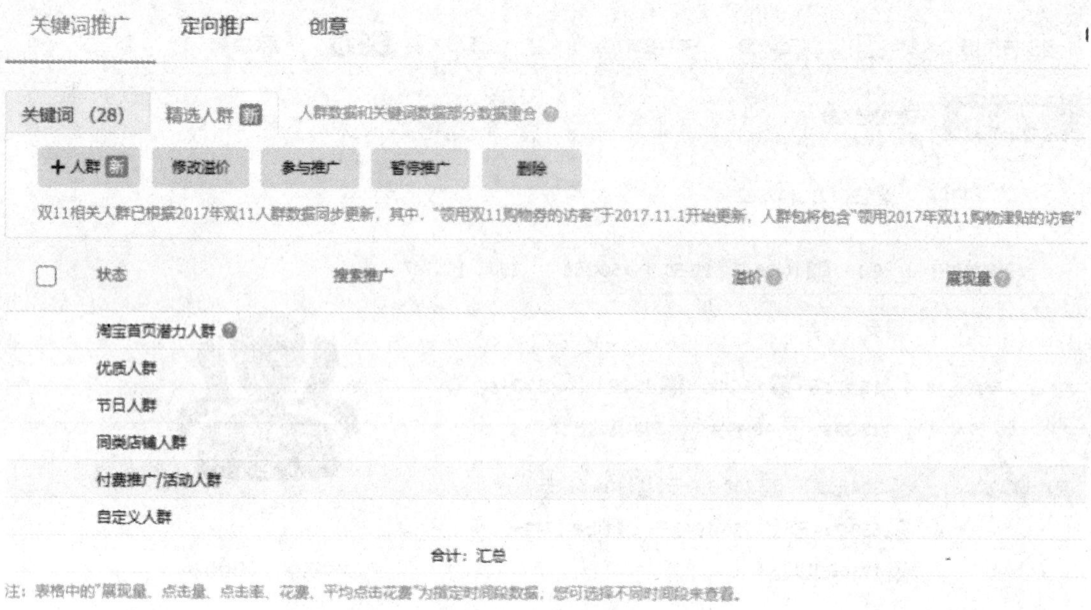

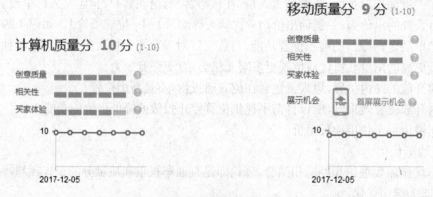

图 4.29　设置溢价

①质量分优化

质量分是系统估算的一种相对值,是用来衡量关键词、宝贝推广信息以及淘宝网用户搜索意向三者之间的相关性。

质量分 =(你的点击率－行业平均点击率)× 历史权重 × 展现值(1/ 词的竞争度)

其中历史权重是过去 15 天的综合权重;展现值是你的展现量 / 词的总展现量。直通车会持续实时优化质量得分公式,所以质量分核心组成一直保持稳定。

质量分移动端和计算机端独立存在,但又互相影响。移动端、计算机端质量得分展示具体如图 4.30 所示。质量分的维度包括:创意质量、相关性、买家体验,下面分别进行讲解。

图 4.30　质量得分展示

● 创意质量

创意质量是关键词所属产品的推广创意效果。其包含推广创意的关键词点击反馈、图片质量等。卖家通过对创意方法不断测试优化创意,不断提高创意的点击率。

直通车创意质量反馈主要体现在创意图片上,只有好的图片才有好的点击率,从而提高质量分,降低PPC,那么我们创意图片的思路就非常重要了,创意图要注意以下几方面。

a. 图片清晰,突出商品。

图片质量高,图片不清楚会影响点击反馈效果,同时需要突出产品主体,必须主次分明不能喧宾夺主,特别是当前手机端流量占比大、屏幕小,更要注意这点。

b. 图片美观程度。

设计时要注意图片的美观程度,相同的产品不同的视觉体验会带来不同的展示效果,图片根据消费者的心理需求来策划。

c. 卖点提炼,要点突出。

编辑创意文案不需要把所有卖点全部描述,许多卖家希望把商品好处全部展现给顾客,可是写太多卖点,消费者不会仔细看,卖家需要的是抓住客户的心理需要,展现核心卖点。

● 相关性

相关性是指关键词与宝贝类目、属性及宝贝本身属性的相符程度。

a. 关键词与宝贝本身属性的相关性,包含宝贝标题、推广创意标题。

关键词与产品的相符程度主要体现在宝贝标题和直通车推广内容信息上。如果关键词在我们宝贝标题中包含,特别是我们直通车的推广标题中包含,那么该关键词与我们宝贝的相关性就会提升。

b. 关键词与宝贝类目的相关性。

我们产品发布的类目和关键词的一致性。一定注意不要放错类目。

c. 关键词与宝贝属性的相关性。

● 买家体验

买家体验是根据买家在店铺的购物体验和店铺近期关键词推广效果计算得出的动态分数。买家体验包含直通车点击率、转化率、好评率、旺旺反应速度等影响购物体验的因素。

当我们的关键词对应的各项分数越高时,说明我们的推广效果越好,但不同类目的关键词质量分是与实际类目相关连。我们要以实际为准,努力提高各项指标值。因为我们的各项相关性的反馈值发生变化,会影响到整体的质量分发生变化。所以有必要经常对直通车标题、宝贝描述等所有方面进行优化。

②关键词优化

前期所有关键词匹模式选择精准匹配,精准化人群,提高点击率、转化率等数据,提高质量分。如图4.31所示。

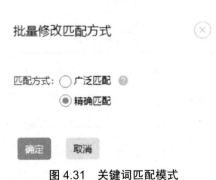

图4.31　关键词匹配模式

产品关键词不是一成不变的,会随着时间、买家需要等多方面原因进行变化,所以在关键词优化的过程中,需要随着时间的推移,对关键词进行修改完善。可以在优化开始后3天、一周等时间段对关键词进行修改,修改如下:

● 优化3天后:删除3天无展现关键词,3天内点击率较好关键词提高出价。

● 优化1周后:删除1周无点击关键词,1周内点击好的关键词提高出价。

● 优化2周后:删除2周内无转化关键词,2周内转化好的关键词提高出价;如果2周内点击很高,转化非常差的关键词,先提高出价,如果还没有转化就删除。

隔一段时间利用生意参谋工具挖掘上升潜力词,添加进计划测试,留下表现好的,删除表现差的,如此反复,不断的发掘、删除、优化。

③关键词提升质量分方法

提升关键词质量分有两种方法。

● 开始全部关键词高出价使产品推广到首页,多投入推广费持续最大化的提高点击量,把大部分关键词质量分提高到10分,然后持续一个月,再慢慢降低出价,质量分提高之后,平均点击单价自然就会降下来,最后维持在一个我们可以接受的良好的循环状态,投入产出比达到1就可以了,利润可以抵消消耗。

● 开始所有关键词出价达到行业平均点击出价,每隔一天加价5%,直到所有关键词都出现展现,一段时间看看质量分有没有上升,如果没有上升每2小时提价5%,不断优化直到大部分关键词质量分提升至10分,维持一个月,然后再适当降低出价,每次调整幅度不要过大,最终投入产出比达到1以上,投入产出比越高越好,当然每天直通车目标成交量不能减少。

第二种方法投入少但是周期长,第一种方法投入多但是见效快。推广资金有限可以运用第二种方法,降低推广费用。

3. 直通车质量分与出价优化实例操作

在这一技能点我们讲解了质量分提升的方法,下面我们结合出价优化来实例操作,质量分提升需要一个过程,不是一蹴而就的事情,每个阶段的目的和目标不同,下面我们分为初期、中期、后期分阶段实操。

第一步:新建宝贝计划,添加关键词以高相关性、高展现指数、高点击率、高转化率为原则,删除6分以下的关键词。剩余关键词如图4.32所示。

第二步:通过流量解析分析所得市场均价在0.45元左右,如图4.33所示。计算机端出价为市场均价;移动端出价高于计算机端30%左右,出价0.6元。

关键词	计算机质量分	移动质量分	计算机排名	移动排名	计算机出价	移动出价	展现量	点击量	点击率	花费
[夹心蛋糕]	6分	6分	无展现	无展现	0.45元	0.60元	-	-	-	-
[俄罗斯提拉米苏]	8分	8分	无展现	无展现	0.45元	0.60元	-	-	-	-
[提拉米苏蛋糕]	6分	8分	无展现	无展现	0.45元	0.60元	-	-	-	-
[提拉米苏千层蛋糕]	6分	8分	无展现	无展现	0.45元	0.60元	-	-	-	-
[提拉米苏]	8分	9分	无展现	无展现	0.45元	0.60元	-	-	-	-
[芝士奶酪蛋糕]	6分	6分	无展现	无展现	0.45元	0.60元	-	-	-	-
[蜂蜜蛋糕]	8分	8分	无展现	无展现	0.45元	0.60元	-	-	-	-
[零食蛋糕]	6分	8分	无展现	无展现	0.45元	0.60元	-	-	-	-
[蛋糕零食 早餐]	8分	9分	无展现	无展现	0.45元	0.60元	-	-	-	-
[俄罗斯蛋糕]	6分	8分	无展现	无展现	0.45元	0.60元	-	-	-	-
[俄罗斯提拉米苏蛋糕]	6分	9分	无展现	无展现	0.45元	0.60元	-	-	-	-
[进口零食]	8分	9分	无展现	无展现	0.45元	0.60元	-	-	-	-
[千层蛋糕]	6分	6分	无展现	无展现	0.45元	0.60元	-	-	-	-
[俄罗斯]	6分	6分	无展现	无展现	0.45元	0.60元	-	-	-	-
[奶油蛋糕]	8分	9分	无展现	无展现	0.45元	0.60元	-	-	-	-
[千层]	6分	8分	无展现	无展现	0.45元	0.60元	-	-	-	-
[蛋糕蛋糕]	6分	9分	无展现	无展现	0.45元	0.60元	-	-	-	-
[俄罗斯零食]	8分	9分	无展现	无展现	0.45元	0.60元	-	-	-	-

图 4.32　关键词

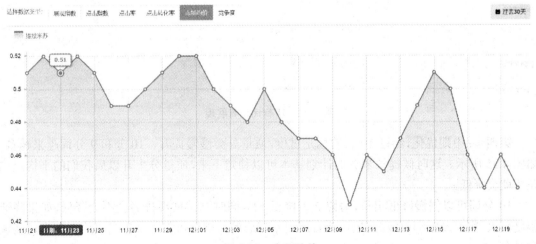

图 4.33　市场均价

第三步：初步优化，每隔一天出价提高 5%，直到所有词都出现展现，如图 4.34 所示。质量分会一步步提高。然后维持 3 天查看转化率和点击率是否有提高，排名越靠后点击率越低，因为如果产品在搜索页的最低端，虽然会展示在顾客面前，但是顾客的视野焦点都在前排，对于后面的宝贝会下意识忽略。

所有关键词出价要不断提高，直到大部分词的点击率都接近行业平均点击率，再维持出价继续 10 天左右。

关键词	计算机质量分	移动质量分	计算机排名	移动排名	计算机出价	移动出价	展现量	点击量	点击率	花费
[夹心蛋糕]	6分	6分	无展现	无展现	0.66元	0.88元	300	20	1.5%	¥17.6
[俄罗斯提拉米苏]	8分	9分	第二页	移动10~15条	0.66元	0.88元	1,250	82	6.56%	¥72.16
[提拉米苏蛋糕]	9分	10分	首页（非前三）	移动4~6条	0.66元	0.88元	2,831	122	4.3%	¥107.36
[提拉米苏千层蛋糕]	9分	10分	首页（非前三）	移动4~6条	0.66元	0.88元	1,365	64	4.67%	¥56.32
[提拉米苏]	9分	9分	首页（非前三）	移动4~6条	0.66元	0.88元	2,355	124	5.26%	¥109.12
[芝士奶酪蛋糕]	6分	8分	第二页	移动10~15条	0.66元	0.88元	265	9	3.39%	¥7.92
[蜂蜜蛋糕]	8分	9分	首页（非前三）	移动4~6条	0.66元	0.88元	352	9	0.25%	¥7.92
[零食蛋糕]	8分	9分	无展现	无展现	0.66元	0.88元	357	8	2.24%	¥7.04
[蛋糕零食 早餐]	9分	9分	无展现	无展现	0.66元	0.88元	1,335	15	1.12%	¥13.2
[俄罗斯蛋糕]	8分	9分	无展现	无展现	0.66元	0.88元	2,374	19	0.8%	¥16.72
[俄罗斯提拉米苏蛋糕]	8分	10分	首页（非前三）	移动4~6条	0.66元	0.88元	195	11	5.64%	¥9.68
[进口零食]	9分	9分	无展现	无展现	0.66元	0.88元	67	2	2.98%	¥1.76
[千层蛋糕]	8分	9分	无展现	无展现	0.66元	0.88元	91	6	6.59%	¥5.28
[俄罗斯]	8分	8分	第二页	移动16~20条	0.66元	0.88元	124	7	5.64%	¥6.16
[奶油蛋糕]	9分	9分	第二页	移动10~15条	0.66元	0.88元	94	5	5.31%	¥4.4
[千层]	8分	8分	第二页	移动10~15条	0.66元	0.88元	105	6	5.71%	¥5.28
[蛋糕蛋糕]	8分	8分	无展现	无展现	0.66元	0.88元	300	16	5.33%	¥14.08
[俄罗斯零食]	9分	9分	无展现	无展现	0.66元	0.88元	358	15	4.19%	¥13.24

图 4.34　所有词均有展现

第四步：中期优化，经过 10 天的稳定过度，质量分会慢慢提升，10 分和 9 分词越来越多，如图 4.35 所示。这时候提拉米苏的计划基本可以稳定下来，质量分上升以后我们的平均点击花费就会降低。

10 分词可以慢慢降低出价，每隔 2 天降低 5%，同时测试展现排名会不会降低，如果降低幅度较大，需要及时调整；没有展现或者展现不理想的关键词可以单独提高出价直到出现展现和排名。

注意:直通车计划里提拉米苏的关键词很重要,即使转化不理想也不能删除。有些产品关键词比较少,如果因为点击转化不理想就删除那就没有关键词了。点击率和转化率是一种统计概率,时间越久,越接近真实客观规律,统计的数据越有意义,所以一般都会以一个月为周期,做一次大的调整。

关键词	计算机质量分	移动质量分	计算机排名	移动排名	计算机出价	移动出价	展现量	点击量	点击率	花费
[夹心蛋糕]	8分	9分	无展现	20条以后	0.50元	0.61元	651	34	5.22%	¥20.74
[俄罗斯提拉米苏]	8分	10分	第二页	移动10~15条	0.50元	0.61元	2,351	286	12.15%	¥468.85
[提拉米苏蛋糕]	9分	10分	首页(非前三)	移动前三	0.50元	0.61元	3,665	458	12.49%	¥279.38
[提拉米苏千层蛋糕]	9分	10分	首页(非前三)	移动4~6条	0.50元	0.61元	2,651	124	8.44%	¥75.64
[提拉米苏]	9分	9分	首页(非前三)	移动4~6条	0.50元	0.61元	3,625	415	11.44%	¥253.15
[芝士奶酪蛋糕]	9分	9分	第二页	移动10~15条	0.50元	0.61元	315	15	4.76%	¥39.15
[蜂蜜蛋糕]	8分	9分	首页(非前三)	移动4~6条	0.50元	0.61元	456	32	7.01%	¥19.52
[零食蛋糕]	8分	9分	无展现	无展现	0.50元	0.61元	425	33	7.76%	¥20.13
[蛋糕零食 早餐]	9分	9分	无展现	20条以后	0.50元	0.61元	1,665	76	4.56%	¥46.36
[俄罗斯蛋糕]	9分	9分	无展现	无展现	0.50元	0.61元	2,652	64	2.41%	¥39.04
[俄罗斯提拉米苏蛋糕]	9分	10分	首页(非前三)	移动4~6条	0.50元	0.61元	253	26	10.27%	¥15.86
[进口零食]	9分	9分	无展现	无展现	0.50元	0.61元	123	9	7.32%	¥5.49
[千层蛋糕]	8分	9分	无展现	20条以后	0.50元	0.61元	103	8	7.77%	¥4.88
[俄罗斯]	9分	10分	第二页	移动16~20条	0.50元	0.61元	213	13	6.10%	¥7.93
[奶油蛋糕]	9分	9分	第二页	移动10~15条	0.50元	0.61元	144	11	7.64%	¥6.71
[千层]	8分	8分	第二页	移动10~15条	0.50元	0.61元	165	10	6.06%	¥6.10
[蛋糕蛋糕]	9分	9分	无展现	无展现	0.50元	0.61元	333	26	7.80%	¥15.86
[俄罗斯零食]	9分	9分	无展现	20条以后	0.50元	0.61元	523	32	6.12%	¥19.52

图 4.35　质量分提升至稳定

第五步:后期优化,不断发现潜力词,删除数据差的词。

从上述直通车质量分与出价优化实例操作中我们了解到了直通车的优化步骤,可以从中看出直通车的优化没有尽头、是一个长期优化,如同 SEO 优化一样都是运营的主要工作,在这这个过程中卖家一定要有耐心,一步一步的进行直通车的优化。

技能点 2 钻石展位操作与优化

1. 钻石展位介绍

（1）简介

钻石展位推广是以图片展示为基础，以精准定向为核心，面向全网精准流量实时竞价的广告推广平台。钻石展位推广包括按展示付费（cpm）和按点击付费（cpc）两种竞价模式，为客户提供精准定向、创意策略、效果监测、数据分析、诊断优化等解决方案，帮助客户实现高效、精准的全网营销。

（2）分类

钻石展位包括站内广告、移动广告，视频广告和明星店铺，如图 4.36 所示。

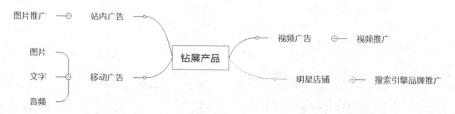

图 4.36 钻石展位分类

①站内广告

站内广告是在淘宝内部搜索结果展示排名靠前，以产品图片形式进行推广，站内推广可以获得更多更精准的流量，用户在看到喜欢的商品时，可以直接进行购买，方便快捷。

②移动广告

移动广告是通过手机、平板电脑等移动设备访问 app 或者网页显示的广告，形式包括图片、文字链、音频等。如图 4.37 所示为手机壳的移动广告。移动广告超越电视、报纸等传统广告形式的覆盖范围；而且移动广告可以根据用户的详细属性和访问环境，将广告直接推送到用户的移动设备上，推广更加精准。

③视频广告

视频广告是钻石展位为获得高端流量研发的品牌宣传类商业广告。卖家可以通过视频广告，在视频播放开始或结束时展示品牌宣传视频。如图 4.38 所示为美素佳儿的视频广告。其具有曝光环境一流，广告展现能力一流等优势。配合钻石展位提供的视频主题定向，可以获取更精准的视频流量。

④明星店铺

明星店铺是钻石展位的增值营销服务，以千次展现计费，只对部分钻石展位用户开放。开通明星店铺服务后，可以对推广计划设置关键词和出价，当有顾客在淘宝网搜索框中输入某关键词时，卖家的信息将有机会在搜索结果页最上方的位置获得展示，进行品牌曝光的同时获得转化。

图 4.37　移动广告

图 4.38　视频广告

（3）钻石展位的展示位置

● 淘宝、微博、网易、优酷等几十家站内外优势媒体上有多达上百个大流量优质展示位。

● 网络节目（电视剧、综艺等）播前/后插播视频。

● 国内主流视频网站，如 PPS,爱奇艺,优酷等大流量视频媒体,在视频开始前 15 s 和视频播放暂停时呈现广告。

展示位置可以在钻石展位后台"资源位"中查看,其中"站内"为淘宝站内的资源位,"站外"为全网资源。如图 4.39 所示。

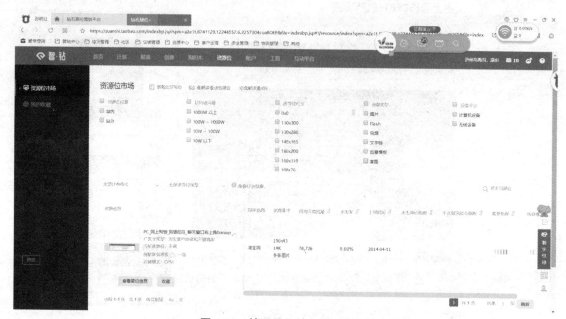

图 4.39　钻石展位后台"资源位"

2.钻石展位操作要点介绍

（1）钻石展位原理

钻石展位和直通车相似,都是竞价排名,但是两者之间的收费和竞价排名原理不同,下面我们分别来讲解。

①收费原理

在了解钻石展位收费原理之前我们需要了解钻石展位的定向及其展现逻辑。

● 钻石展位定向

系统根据买家的所有历史行为,把每个访客打上相应的标签,当我们在设置广告计划时圈定相对应标签的顾客,系统就会把广告展现给我们想要的顾客。如果不设置定向,那么所有看到这个广告展示位的访客都可以看到我们的广告。因此设置定向就是我们获得精准流量的关键所在,具体方法可参考下方"设置定向和出价"一节。

● 钻石展位的展现逻辑

按照出价高低顺序展现。系统把各时间段内的出价,按照竞价高低进行排名,出价高者优先展现,出价最高的卖家预算消耗完后,轮到下一位展示,以此类推,直到该小时流量全部消耗完,排在后面的无法获得展现。

获得的总流量＝总预算/千次展现单价 *1000,在同等的预算下,千次展现单价越高,获取的流量反而越少,因此我们要保证出价能展现的基础上,合理竞价。如图 4.40 所示。

广告展示的优先权——价高者得（但不要盲目出价）

购买到流量计算公式：预算/CPM单价*1000=买到流量数

客户	CPM 每千次展示出价	预算	购买到PV	展示顺序
A	5元	500	10W	2
B	3元	1000	33W	3
C	7元	800	11W	1
D	2元	3000	150W	4

C客户预估购买的PV数：800/7*1000≈11w
A客户预估购买的PV数：500/5*1000≈10w
....

图4.40　流量计算

● 钻石展位收费

以 CPM 竞价收费，即按照每千次展现收费。如果我们出价 10 元，那么我们的广告被人看 1000 次收取 10 元，点击不收费。钻石展位系统会自动合并计算，并在钻石展位后台报表中给予反馈，不满 1000 次的展现钻石展位系统自动折算收费。

点击单价＝消耗/点击数，是系统计算统计得出的数据，系统显示的点击单价并不是按照点击收费。因为投放了钻石展位后得到的图片点击量才是真正进入我们店铺的流量，因此点击单价就是我们的引流成本，是我们在投放时需要关注的核心数据指标。

②竞价排名原理

钻石展位竞价排名与直通车不同，直通车竞价排名是谁出价最高，在搜索结果页面中排名越靠前，所有宝贝都有展现的机会，而钻石展位竞价排名是同一个资源位不同出价者排队出线，只有前面的出价者日限额消耗完才轮到下一名展现，所以钻石展位虽然是竞价排名，但是不一定有展现的机会。钻石展位出价分为两种模式，CPM 出价与 CPC 出价，两种模式如何竞价排名？接下来分别讲解。

● CPM 出价

CPM 是"Cost Per Mille"缩写，指按照广告每 1000 次展现出价，在实际竞价中，系统会根据每 1 次展现的出价来排名。当有一个符合定向条件的顾客打开网页、浏览广告位时，系统根据每个推广计划对该顾客的出价高低排名，出价最高的计划获得展现。

钻石展位调整出价之后实时生效，所以在实际竞价中，下一名的店铺、出价都是频繁变化的，每 1 次展现都是根据下一名的出价来结算。最终的扣费是多次展现结算汇总统计的结果。如图 4.41 所示，左侧是出价及结算逻辑，右侧从"获得展现"开始是竞价结果。

a. 系统计算统计每家店铺设置 1 次展现的出价，确定竞价排名。

b. 当用户打开网页、浏览资源位的时候，系统投放推广广告创意，同时根据 CPM 结算价格（结算 CPM= 下一名出价 +0.1，且不会超出自己的出价）计算 1 次展现的结算价格（即：下一名出价 +0.0001，并且不会超过出价），对这 1 次展现做 1 次计费。

假设：有四家店铺圈定了同一用户群、投放同一资源位，且竞价过程中都没有调整出价。（注：现实中几乎不存在）

	出价方式	CPM出价	对1次展现的出价	竞价排名	CPM结算价格（下一名+0.1）	1次展现的结算价格	获得展现	点击	点击率	总花费（1次展现结算价×展现）	平均点击单价（总花费/点击）
A店铺	CPM	72.00	0.07200	1	60 + 0.1 = 60.1元	0.06010	8,713	805	9.24%	523.65	0.65
B店铺	CPM	60.00	0.06000	2	54 + 0.1 = 54.1元	0.05410	4,665	421	9.02%	252.38	0.60
C店铺	CPM	54.00	0.05400	3	54元（下一名+0.1高于自己的出价，因此按自己出价）	0.05400	2,423	155	6.40%	130.84	0.84
D店铺	CPM	53.99	0.05399	4	53.99元	0.05399	590	34	5.76%	31.85	0.94

图 4.41　CPM 出价

c. 系统继续投放推广，不断把累计的展现、计费全部汇总，报表看到的是汇总的结果。

● CPC 出价

CPC 是 "Cost Per Click" 缩写，即广告创意按用户点击次数计费。使用 CPC 出价时，系统会把 CPC 出价换算成 CPM 出价（折算公式：CPM 出价 =CPC 出价 × 预估 CTR×1000，系统对点击率的预估简称 CTR），再去与其他 CPM 计划一起竞价。如图 4.42 所示，以 "获得展现" 为分割线，左侧是出价及结算逻辑，右侧是竞价结果。

假设：有四家店铺圈定了同一用户群、投放同一资源位，且竞价过程中都没有调整出价。（注：现实中几乎不存在）

	出价方式	出价	预估CTR（系统预估）	折算后的CPM出价	折算后对1次展现的出价	竞价排名	CPM结算价格（下一名+0.1）	1次展现的结算价格	获得展现	点击	点击率	总花费（1次展现结算价×展现）	平均点击单价（总花费/点击）
A店铺	CPC	0.8元	9%	0.8 x 9% x1000 = 72.00元	0.07200	1	60 + 0.1 = 60.1元	0.06010	8,713	805	9.24%	523.65	0.65
B店铺	CPM	60元	/	60.00元	0.06000	2	54 + 0.1 = 54.1元	0.05410	4,665	421	9.02%	252.38	0.60
C店铺	CPC	0.9元	6%	0.9 x 6% x1000 = 54.00元	0.05400	3	54元（下一名+0.1高于自己的出价，因此按自己出价）	0.05400	2,423	155	6.40%	130.84	0.84
D店铺	CPM	53.99元	/	53.99元	0.05399	4	53.99元	0.05399	590	34	5.76%	31.85	0.94

图 4.42　CPC 出价

a. 系统把全部出价都换算成 CPM 出价（即使所有店铺都是使用 CPC 出价，也是都换算成 CPM 再排序）。

b. 系统计算每家店铺对 1 次展现的出价，确定竞价排名。

c. 当用户浏览资源位、打开网页时，系统投放推广广告创意，同时根据 CPM 结算价格（下一名 +0.1，且不会超出自己的出价）计算 1 次展现的结算价格，对这 1 次展现做 1 次计费。

d. 系统继续投放，不断把累计的展现、计费全部汇总统计，在报表汇总显示。

● CPC 与 CPM 的关系

无论是 CPC 出价方式还是 CPM 出价方式，系统都是换算成 CPM 出价，再与其他店铺争抢流量；CPC 出价换算 CPM 出价的公式是：CPM 出价 =CPC 出价 × 预估 CTR×1000。如果 CPC 出价不变，预估 CTR 越高，换算出来的 CPM 出价越高。

CPC 出价的优势是日限额可控，但由于预估 CTR 是系统估算的，换算出来的 CPM 出价不稳定，不能保证始终有很好的竞价排名。CPM 出价更直接，获得流量比 CPM 出价有更多优势。（结算价不等于自己的出价，结算价是由下一名出价决定的。如果自己出价高但下一名出价很低，就能用很低的结算价获取流量）。

（2）资源位与定向

①资源位

资源位即钻石展位的展现位置。CPM出价可投放所有资源位，CPC出价目前仅支持淘宝站内重点资源位，如图4.43所示。

	CPM出价	CPC出价
淘宝站内	全部支持	无线_网上购物_手淘app流量包_手淘焦点图 无线_网上购物_app_新天猫首页焦点图2_640 无线_流量包_网上购物_触摸版_淘宝首页焦点图 无线_流量包_网上购物_触摸版_爱淘宝焦点图 PC_流量包_网上购物_淘宝首页焦点图 PC_网上购物_淘宝首页焦点图右侧banner二_新 PC_网上购物_淘宝首页2屏右侧大图 PC_网上购物_淘宝首页3屏通栏大banner PC_网上购物_淘宝收藏夹_底部通栏轮播2 PC_网上购物_我的淘宝_右侧banner图 PC_流量包_网上购物_淘宝商业搜索底部小图 PC_流量包_网上购物_淘金币首页通栏轮播 PC_流量包_网上购物_爱淘宝焦点图 PC_流量包_网上购物_淘宝首页天猫精选大图_新 PC_流量包_网上购物_天猫精选首页小图 PC_网上购物_天猫收货成功页_通栏 PC_网上购物_天猫精选焦点图2
淘宝站外	全部支持	即将支持

图4.43　资源位

②定向

钻石展位的定向是淘宝系统根据每个访客的搜索、浏览、收藏、购买等行为偏好给每个访客打上相应标签，如图4.44所示。如果一个访客在淘宝上买美妆，那么在她的身上就会带上"美妆"、"女性"等标签。

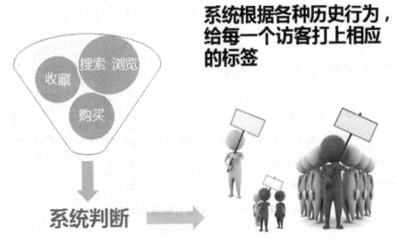

图4.44　标签

设置定向时，我们可以通过钻石展位系统圈定打上标签的人群，通过合理定向，把广告展现给他们，获得精准流量与较好的广告效果。通过定向获得的流量，我们称为"定向流量"，不设置定向的流量，称为"通投流量"。

目前钻石展位有营销场景定向，店铺型定向、访客定向、兴趣点定向、智能定向、相似宝贝定向，行业店铺定向、达摩盘八种定向方式，一般来说定向的精准度为：店铺型定向＞营销场景定向＞访客定向＞相似宝贝定向＞智能定向＞兴趣点定向＞达摩盘定向＞行业店铺定向下面分别介绍一下这八种定向 。

● 访客定向：综合消费者历史浏览、收藏、购买等行为，确定消费者与店铺的产生直接关系。广告主选定店铺 ID，系统可以向与选定的店铺有关系的访客进行投放。

● 营销场景定向：圈定直接跟我们店铺或者宝贝产生关系的顾客，点击、浏览、加购、成交、收藏等购物意向行为，是我们最精准的顾客。

● 智能定向：系统根据店铺和宝贝的千人千面的标签推荐符合相应标签的人群。

● 相似宝贝定向：收藏过，或者浏览过我们指定宝贝或者其他相似宝贝的人群。

● 店铺型定向：其他店铺定向，根据不同的成交额，客单价范围筛选顾客人群。我的店铺定向，综合消费者历史浏览、搜索、收藏、购买行为，确定消费者当前最可能点击的商品类型和价格偏向。可以定向较精准的目标人群。维护店铺的老客户同时共享竞争对手客户和潜在客户。

● 兴趣点定向：兴趣点定向，可精确到叶子类目和部分二级类目，可以一次定向较精准的目标人群，定向直达细分类目。

● 达摩盘定向：与宝贝所在子类目相关的子类目，例如提拉米苏与蛋糕就很相似。

● 行业店铺定向：宝贝所在的一级类目的所有人群，人群范围很广，仅次于通投，不建议开通此定向。

CPM 出价的定向类型比 CPC 出价更多、人群划分更精细。如图 4.45 所示。

定向类型	定义	CPM出价	CPC出价
通投	不限人群投放	支持	支持
店铺型定向	对某些一级类目感兴趣的人群	支持	×
兴趣点定向	对某些类型或风格的商品感兴趣的人群	支持	×
行业店铺定向	近期访问过行业优质店铺的人群	×	支持
访客定向	近期访问过某些店铺的人群	支持	支持
系统智能推荐人群	系统根据店铺人群特征推荐的优质人群	名称：智能定向	名称：系统智能推荐
营销场景定向	按用户与店铺之间更细粒度的营销关系划分圈定的人群	人群分为：触达、兴趣、意向、行动、成交	人群分为：触达、兴趣、核心
达摩盘定向	基于达摩盘自定义组合圈定的各类人群	支持	支持
相似宝贝定向	近期对指定宝贝及竞品宝贝感兴趣的人群	支持	支持

图 4.45　CPC 与 CPM 分别适合的定向

③场景应用

上面已经陈述了原理，那钻石展位推广选择哪种出价方式和定向，才能实现推广目标呢？

在投放之前需要思考清楚的是：

● 店铺当前的营销推广目的是什么？目标人群是谁？使用何种定向才能圈定这部分目标人群？

● 这部分目标顾客对店铺而言，有多重要，当前是否需要这样的流量？

● 竞争对手是不是也很需要这部分流量，推广环境对竞争的影响是不是很大？

根据以上3点，我们梳理一下常用的营销场景和定向（红色为重点推荐），如图4.46所示。

从图4.46中可以看出：

● CPC出价和CPM出价所支持的定向，对店铺潜在用户、现有用户的覆盖不同，推荐综合考虑店铺当前情况、目标用户的重要性、竞争环境、营销目标等因素，选择适合的出价方式与定向。

● 从店铺人群划分的角度看：CPC人群更广泛、成本可控，最适合拉新；CPM人群精细，最适合店铺客户分层和老顾客维护．

● 从目标用户重要性的角度看：不是必须的流量用CPC模式，重要人群用CPM模式。

● 从流量竞争能力的角度看：日常用CPC+CPM，大促期间用CPM。

● 大促期间竞价激烈、拉新成本很高，因此拉新尽量在大促活动前2个月完成，避开竞争激烈时段；而店铺现有用户就需要在大促期间加强覆盖，才能保证大促有足够的用户支撑销量爆发。

（3）优化方法

钻石展位可以为店铺带来流量，但是只依靠钻石展位并不能获得最大的流量，我们也需要根据店铺的情况，从出价以及各个计划之间进行优化，使钻石展位推广做到最好。

①用CPC出价竞得更多流量

用CPC出价的话，系统会自动换算成CPM出价，公式：CPM出价=CPC出价×预估CTR×1000。如果要获取更多流量，需要提高CPM出价，因此有两种方式：提高CPC出价与提高创意的预估CTR。其中提高创意的预估CTR有以下三种方式：

● 推荐使用创意模板制作创意，美观度较有保证。

● 推荐使用历史数据好的、CTR较高的创意，这样预估CTR比较高，更易获取流量。

● 如果新创意没有展现，可以先提高CPC出价，获取更多展现和点击，等到CTR提升后，再把出价调回原价范围。

②多个计划之间的关系

排除营销场景定向和达摩盘定向之外，其他定向人群之间都有重叠。例如CPC+系统智能推荐与CPM+智能定向，这两个都包含店铺新老顾客；即便是通投，里面也包含小部分店铺用户。所以推荐使用有梯度的CPM出价，获取重要性不同的用户。

在实际竞价中不需要考虑自己与自己竞价的情况。首先不同定向之间，人群的重叠程度并不大；其次钻石展位在竞价的时候会对店铺去重，一个店铺的展现只会有一个生效的出价；再次钻石展位的竞价很密集，CPM出价相差1分钱之间都有很多计划在排队，所以不会有"下一名是自己"的情况。

目标人群	定义	出价方式+定向	日常推广 推荐指数	大促推广 推荐指数
现有用户	近期在店内有搜索、浏览、收藏、加购物车等行为的用户	CPC+营销场景（兴趣客户）	★★★★★ 人群划分的精细程度不如CPM+营销场景	★★★ 人群划分的精细程度能力不如CPM+营销场景，且大促期间流量竞得能力有限
		CPM+营销场景（兴趣、意向、行动人群）	★★★★★ 人群划分的精细程度高，可有效管理店铺用户	★★★★★
		CPM+智能定向	★★★★☆ 系统智能拓展人群，包含店铺现有用户，适合绝大部分店铺投放	
		CPC/CPM+达摩盘定向（近期有店铺行为的用户）	CPC：★★★★☆ CPM：★★★★★ 人群划分的精细程度高，可有效管理店铺用户。大促期间建议用CPM	CPC：★★★☆ CPM：★★★★★
		CPC/CPM+访客定向（自己店铺）	CPC：★★★★☆ CPM：★★★★★ 圈定人群实时更新，可有效覆盖店铺用户。大促期间建议用CPM	CPC：★★★☆ CPM：★★★★★

目标人群	定义	出价方式+定向	日常推广 推荐指数	大促推广 推荐指数
沉默（流失）用户	曾经有过店铺行为，但近期没有访问店铺的用户	CPC/CPM+达摩盘定向（曾经有店铺行为、近期没有的用户）	CPC：★★★★☆ CPM：★★★★★ 人群划分的精细程度高，可有效召回沉默用户。大促期间竞价激烈、召回成本较高，建议提前召回	CPC：★★★☆ CPM：★★★★
		CPM+智能定向	★★☆ 系统智能拓展人群，包含潜在用户和现有用户，对人群划分的精细程度不如达摩盘定向	★★
		CPC/CPM+访客定向（自己店铺）	☆ 近期未访问店铺的沉默（流失）用户无法用访客定向圈定	☆

目标人群	定义	出价方式+定向	日常推广 推荐指数	大促推广 推荐指数
潜在用户	从未进过店的新客	CPC+系统智能推荐	★★★★☆ 系统智能拓展人群，适合绝大部分店铺，拉新成本可控	★★★ 大促期间流量获取能力不如CPM，且大促期间拉新成本较高
		CPC/CPM+相似宝贝定向	CPC：★★★★★ CPM：★★★★☆ 适用于绝大部分店铺，尤其是主推宝贝非常明确的店铺（比如SKU较多的小家电店铺，主推豆浆机时可定向近期访问过自己的豆浆机或竞品豆浆机的用户，避免与电饭煲用户重合）	CPC：★★★☆ CPM：★★★☆
		CPC/CPM+达摩盘定向（根据搜索偏好、消费能力、天气等标签组合人群）	CPC：★★★★ CPM：★★★☆ 适合绝大部分店铺，尤其是店铺基础较好、已有一定知名度的品牌/店铺。大促期间市场竞价激烈、拉新成本较高，且大促的购买力主要来源于现有用户，因此这部分人群建议在日常使用	CPC：★★★ CPM：★★★☆
		CPC/CPM+访客定向（同行/跨类目店铺）	CPC：★★★★☆ CPM：★★★★★ 适合绝大部分店铺，尤其适合风格、商品属性、客单价等较特殊，容易找到竞争品牌的店铺，流量来源非常精准	CPC：★★★☆ CPM：
		CPC+营销场景定向（触达客户）	★★★★☆ 在其他定向拉新的同时，建议叠加一个营销场景定向，对被广告图片展现过、但还未点击进店的客户重复定向，加强店铺/品牌效应	★★★ 大促的购买力主要来源于现有用户，且大促期间的拉新成本较高，不太推荐
		CPC/CPM+通投	CPC：★★★ CPM：★★☆ 人群较为宽泛，精准度一般；但大促期间容易获取流量。较适合推广认知度广的、通用的、门槛较低的、转化率较高的商品（比如洗护、家居、女士打底衫等），或者利润率较高的商品	CPC：★★★☆ CPM：★★★
		CPM+群体定向	★★☆ 人群较为宽泛，精准度一般；但大促期间容易获取流量。较适合推广认知度广的、通用的、门槛较低的、转化率较高的商品（比如洗护、家居、女士打底衫等），或者利润率较高的商品	★★★
		CPM+兴趣点定向	★★★ 人群较为宽泛，精准度一般；但大促期间容易获取流量。较适合推广认知度广的、通用的、门槛较低的、转化率较高的商品（比如洗护、家居、女士打底衫等），或者利润率较高的商品	★★★☆
		CPC+行业店铺定向	★★★ 人群较为宽泛，精准度一般	★★ 人群较为宽泛，精准度一般，大促期间成本较高
		CPM+智能定向	★★★ 系统智能拓展人群，适合绝大部分店铺，人群包含新客和老客，但新客占比低于CPC+智能推荐定向	★★★ 人群中的新客占比低于CPC+智能推荐定向，大促期间拉新成本较高

图 4.46　常用的营销场景与定向

3. 新手钻石展位投放指南

新店和老店钻石展位的计划不同,因为二者的目标不同,新店主要以拉新为主,老店以维护老顾客为主,我们下面主要来讲解新店铺如何操作建立钻石展位计划。

(1)新店计划方案

①方案 1(1 个计划):新建计划时选择"全店日常销售—系统推荐计划"(CPC/CPM 均可),或者 CPM+ 智能定向,同时包含店铺新老顾客。

②方案 2(2 个计划):CPM+ 智能定向 / 访客定向(定向自己店铺),CPC+ 系统智能推荐,CPC 计划用来拉新,CPM 计划用来维护现有用户。

③方案 3(3 个计划):CPM+ 营销场景(兴趣、意向、行动人群),CPC+ 系统智能推荐,CPM+ 达摩盘(曾经有店铺行为、近期没有的用户)。CPC 计划用来拉新,CPM 计划用来维护老用户。

(2)详细操作流程

第一步:选择资源位

钻石展位选择合适的资源位是操作钻石展位成功的第一步。钻石展位所有的资源位列表在"资源位的资源位列表"下面。选择资源位最主要看两点:点击率(CTR)、日均可竞流量,选择 CTR 高且日均展现较高的展位,进行投放测试,如果数据好再长期投放。如图 4.47 所示。

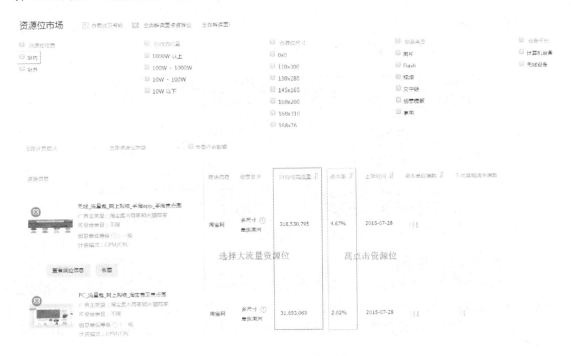

图 4.47　选择资源位

新手资源位选择有三种方法,分别为系统推荐、本文提供参考图、参考网站,下面分别进行介绍。

①参考系统推荐资源位

首先选择站内的资源位,少而精,预算不大的话投放的资源位数量不要超过 5 个。操作方法:选择站内按照点击率排序,选择排名靠前的资源位。如图 4.48 所示。

图 4.48　系统推荐资源位

②为新手介绍一些流量较大、点击率较高、投放性价比较高的资源位,如果不知道怎么选择投放位置,可以参考如图 4.49 所示的资源位。

广告位名称	尺寸	推荐理由
无线_网上购物_app_淘宝首页焦点图2	640x200	流量充足、效果好、钻展最黄金的资源位
无线_网上购物_app_淘宝首页焦点图2	640x200	
PC_网上购物_淘宝首页焦点图2	520x280	
PC_网上购物_淘宝首页焦点图3	520x280	
PC_网上购物_淘宝首页焦点图4	520x280	
PC_网上购物_淘宝首页焦点图右侧banner二	170x200	流量充足、价格相对较低、性价比高
PC_网上购物_淘宝首页3屏通栏大banner	375x130	
PC_网上购物_阿里旺旺_弹窗焦点图2	168x175	

图 4.49　资源位推荐

第二步:制作和上传创意

制作与选择的资源位相应尺寸的创意图片,需要在创意管理中上传,等待审核,审核通过后才能成功投放。推荐每个尺寸都准备几张创意图片同时进行投放。

①看好资源位对应的创意等级要求,如图 4.50 所示,不符合要求的创意就算审核通过,也无法投放。

②打开创意管理,点击本地上传,填写创意基本信息,如选择的为无线端资源位,请点击"转成无线连接"按钮,如为 PC 资源位请不要转化,否则会造成创意审核拒绝。如图 4.51 所示。

③等待创意审核,审核时间一般为 1 ~ 2 个工作日;如被审核拒绝,可查看拒绝理由,点击文字链可查看详情。如图 4.52 所示。

图 4.50 资源位创意要求

图 4.51 创意基本信息

图 4.52 审核

第三步：新建计划

①点击"新建计划"，选择"推广场景"，如图4.53所示，包含为店铺引流与为宝贝引流，我们一般先选择"为店铺引流"计划进行创建。

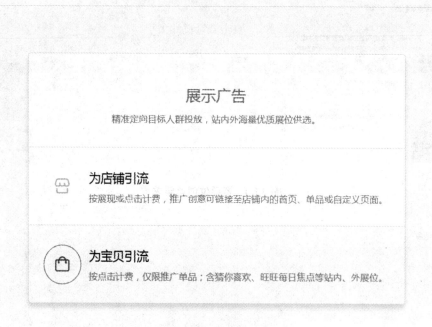

选择推广场景

展示广告

精准定向目标人群投放，站内外海量优质展位供选。

为店铺引流
按展现或点击计费，推广创意可链接至店铺内的首页、单品或自定义页面。

为宝贝引流
按点击计费，仅限推广单品；含猜你喜欢、旺旺每日焦点等站内、外展位。

图 4.53　推广场景选择

②设置营销参数

如图4.54所示，营销参数中营销场景分为日常营销、认知转化等多种形式，这需要根据店铺的运营状态来进行选择，例如正常店铺可以选择日程营销，大流量店铺选择老顾客找回，新店铺选择拉新和认知转化，如果想具体设置定向可以选择自定义。

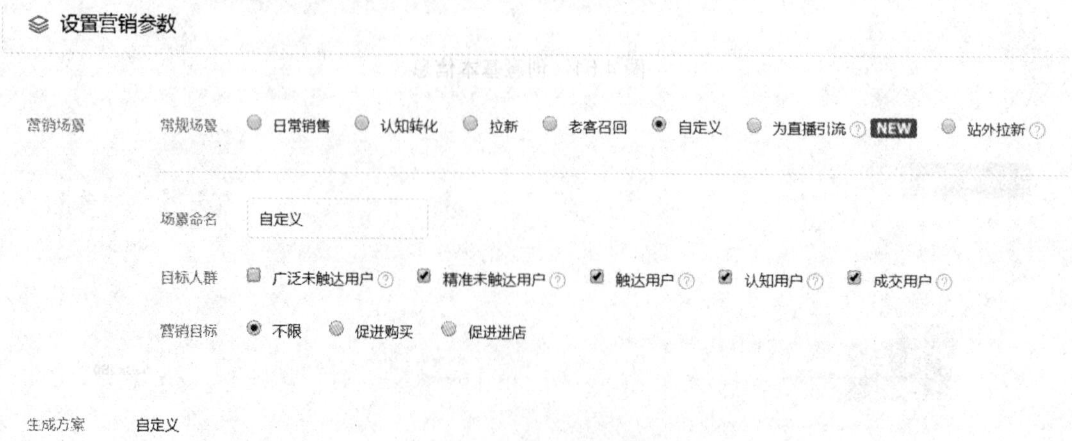

◈ 设置营销参数

营销场景	常规场景	○ 日常销售　○ 认知转化　○ 拉新　○ 老客召回　● 自定义　○ 为直播引流 ⑦ **NEW**　○ 站外拉新 ⑦
	场景命名	自定义
	目标人群	□ 广泛未触达用户 ⑦　☑ 精准未触达用户 ⑦　☑ 触达用户 ⑦　☑ 认知用户 ⑦　☑ 成交用户 ⑦
	营销目标	● 不限　○ 促进购买　○ 促进进店
生成方案	自定义	

图 4.54　设置营销参数

③填写计划基本信息

计划名称:填写一个好区别的计划名字;

付费方式:资金多的店铺选择 CPM 模式,小店铺选择 CPC 模式;选择投放时间和地域:时间地域根据店铺顾客的地域分布和成交高峰来选择;

投放方式:尽快投放——指的是合适流量预算集中投放;均匀投放——指的是全天预算平滑投放;如一天预算为 300 元,投放时间选择了 10 个小时,那么选择尽快投放就是 300 元有可能在第一个小时内消耗完,如果选择均匀投放则是一个小时大约投放 30 元,因此一般我们建议选择均匀投放。如图 4.55 所示。

图 4.55　填写计划基本信息

第四步,填写推广单元信息——设置定向和出价

定向和出价设置直接关系店铺的点击率高低、点击单价是 10 元还是 1 元,新店建议先学

习再投放。

①填写推广单元名称、选择定向

单元名称可根据自己店铺自行填写,定向是自主选择,并不是每个定向都要设置。新手建议关闭通投、行业店铺定向,有限设置最精准的访客定向。如图 4.56 所示。

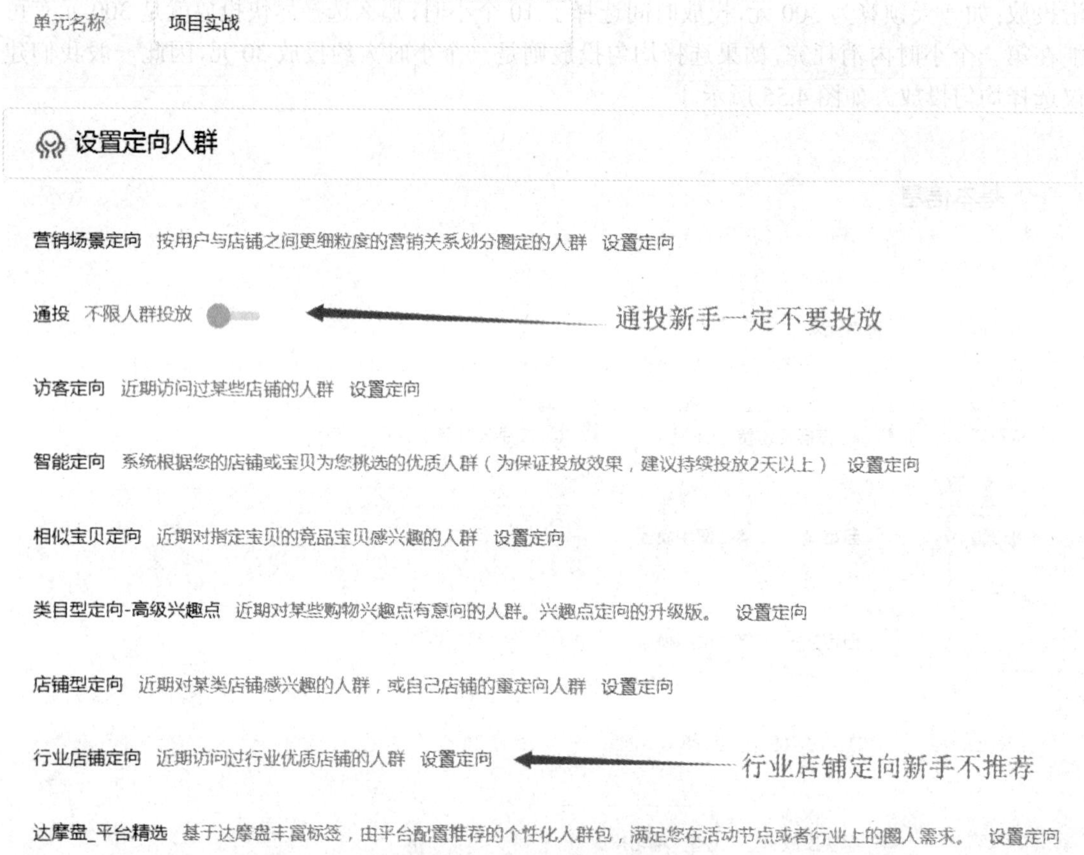

单元名称　　项目实战

🌀 设置定向人群

营销场景定向　按用户与店铺之间更细粒度的营销关系划分圈定的人群　设置定向

通投　不限人群投放 　　通投新手一定不要投放

访客定向　近期访问过某些店铺的人群　设置定向

智能定向　系统根据您的店铺或宝贝为您挑选的优质人群（为保证投放效果,建议持续投放2天以上）　设置定向

相似宝贝定向　近期对指定宝贝的竞品宝贝感兴趣的人群　设置定向

类目型定向-高级兴趣点　近期对某些购物兴趣点有意向的人群。兴趣点定向的升级版。　设置定向

店铺型定向　近期对某类店铺感兴趣的人群,或自己店铺的圈定向人群　设置定向

行业店铺定向　近期访问过行业优质店铺的人群　设置定向 　　行业店铺定向新手不推荐

达摩盘_平台精选　基于达摩盘丰富标签,由平台配置推荐的个性化人群包,满足您在活动节点或者行业上的圈人需求。　设置定向

图 4.56　填写单元名称、选择定向

②设置访客定向

自主添加店铺,输入若干个店铺 ID 后,直接定向这些店铺的访客。自主添加店铺最好多添加几个店铺,圈定人数不能太少,在 5 W~10 W 左右为最佳;种子店铺是通过输入种子店铺,系统为我们推荐与该店铺相似风格店铺的访客进行定向,建议填写 1 个。自主店铺一般比种子店铺更精准,如果种子店铺数据效果不好,也可以不设置。如图 4.57 所示。

③设置类目定向—高级兴趣点

兴趣点定向流量相对访客较大,精准度也次之。搜索自己最相关精准的子类目词,可以按照自己店铺资金能力圈定人群数量,新店推荐长尾类目词,越精准越好。如图 4.58 所示。

④店铺型定向

选择我的店铺—店铺细分人群,选择与我们店铺有直接关系的人群,如图 4.59 所示。

图4.57 访客定向

图4.58 类目型定向—高级兴趣点

⑤营销场景定向

选择购物意向最精准的顾客,有过浏览、收藏、加购、成交等行为的顾客。如图4.60所示。

图 4.59　店铺型定向

图 4.60　营销场景定向

⑥添加资源位

根据第一步已经选择好的资源位,在这里可以选择已收藏的位置,或者直接搜索。如图
4.61 所示。

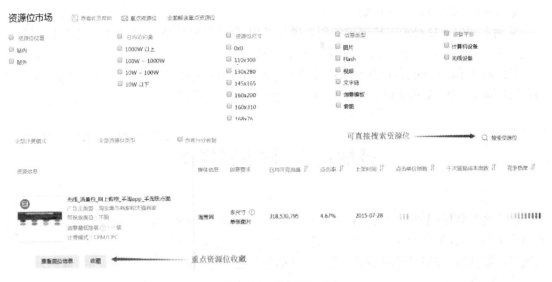

图 4.61　添加资源位

⑦出价

参考各个定向上每个资源位的市场平均出价,我们设置平均出价的一半即可,如图 4.62 所示。在投放过程中按照获取流量多少来调整,每次提价 10%,不断观察流量优化情况,直到达到预期流量。

图 4.62　出价设置

第五步：添加创意，保存计划

从创意库中选择已经审核通过的创意进行添加，保存该推广单元，并且在一个计划中可以创建更多推广单元。点击"保存"以后，一个计划就设置完成了。

通过对新手钻石展位投放步骤的学习，我们了解到在投放过程中需要有一定的经验，并且需要对自己店铺有一个明确的定位以及营销目标，才能更好地在设置钻石展位时选择各个定向功能。

技能点 3   淘宝客操作

淘宝客是阿里妈妈平台的一种产品推广方式，按成交付佣金的效果类推广，联合站内外 5 万多媒体和个人，服务商家全场景营销需求。淘客指通过推广赚取佣金的一类人，淘客只要从淘宝客联盟获取商品代码链接，任何买家（包括您自己）经过您的推广（链接、个人网站，博客、社区、APP）进入淘宝卖家店铺完成购买后，就可得到由卖家支付的佣金。

1. 通用营销计划

通用计划是商家在淘宝联盟后台进行单品推广的新计划。该计划支持单品推广管理、优惠券设置管理、佣金管理、营销库存管理（待上线）、推广时限管理等商家推广所需的基本功能，并支持查看实时数据及各项数据报表。

（1）优势

①绑定营销工具，让淘客便捷获取推广链接，从而获得更多流量。

②查看实时数据，分析商品实时推广效果。

③精确流量支持，淘客流量将优先推广加入营销计划的商品库。

④计划中的营销库存锁定、库存销完的商品将按照通用佣金结算，有效控制成本。

通用计划在淘宝联盟里所有人都可以看到的淘宝客计划，所有人都可以推广赚取佣金，推广人群比较广泛，但是推广目标不明确，目的性差，淘客质量相比较差。

（2）操作指南

第一步：操作设置入口。

进入阿里妈妈平台，登录账号，点击"进入商家后台"→"推广管理"→"计划管理"→"营销计划"进入商家营销后台。如图 4.63 所示。

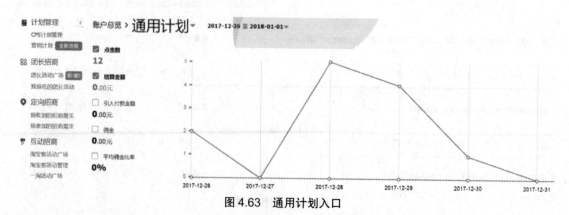

图 4.63   通用计划入口

第二步：店铺推广管理。

跳转到通用计划，设置类目佣金比，进行全店商品快速推广。

商品推广管理：方便商家设置并查看所有单品推广策略，及单品推广数据；活动管理：商家可自由筛选、查找已报名的，由招商团长发起的活动。如图4.64所示。

图4.64　商品推广管理

第三步：添加主推商品，选择对应的主推商品，如图4.65所示。

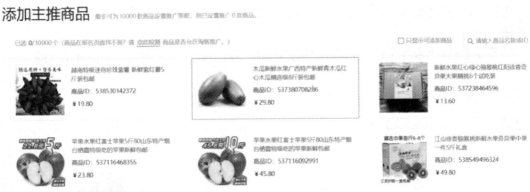

图4.65　添加主推商品

①勾选"只显示可添加商品"若商品在页面中找不到，检测商品是否允许淘宝客推广。

②可输入商品名称或商品id找到确定商品后，勾选加入。

第四步：推广时间设置。

目前一个商品最多可以设置三个日常推广策略,推广时间可以重叠。当天保存设置确认推广策略后,策略次日生效,按照具体推广时间进行推广。

第五步:佣金比例设置。

营销计划的最低佣金比率要高于通用计划的佣金比率。如图 4.66 所示。

图 4.66　设置时间与佣金比例

第六步:添加优惠券。

优惠券即"阿里妈妈推广券",是阿里妈妈官方唯一指定的淘宝客渠道推广优惠券,与正常优惠券一样,只是渠道概念上的差异。通过佣金 + 优惠券方式的推广,将大大提高被淘客推广的概率。

①若商家已在"卡券平台"设置过阿里妈妈推广券,可直接勾选绑定。如图 4.67 所示。

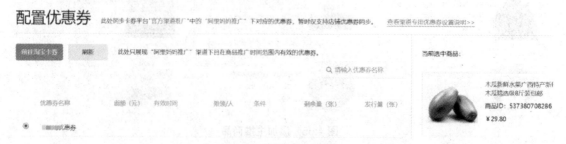

图 4.67　勾选优惠券

②若未设置过阿里妈妈推广券,则去"店铺营销工具—优惠券"先设置"阿里妈妈推广券设置说明"。如图 4.68 所示。

推广渠道

○ 全网自动推广　　　　● 官方站内推广　阿里妈妈推广　　　　○ 自有渠道推广

基本信息

　+ 名称：　请输入优惠券名称　0/10

　+ 使用时间：　起始日期　·　结束日期

　+ 商品范围：　选择商品（已选择1个）　⚠一张商品优惠券最多可以选择100个指定商品，优惠券一旦创建，指定商品只能增加，不能删除。

　　　　　　　　　　　　　　　　　　选择要推广的产品

面额信息

　+ 优惠金额：　5　元　⚠请输入1/2/3/5及5的整数倍金额，面额不得超过1000元

　+ 使用门槛：　○ 满 4　元

　　　　　　　● 满5.01元

　+ 发行量：　不超过10万张　张　⚠优惠券创建后，发行量只能增加不能减少，请谨慎设置。

　+ 每人限领：　1　∨　张

图 4.68　设置优惠券

③设置完后点击"保存设置"。

第七步：设置完成后，等待生效，设置策略。

默认：平台推广策略，系统选取当前全部推广计划中策略最优佣金与优惠券，商家不可操作。

活动类型：报名团长期活动审核通过，会把活动报名策略同步其中，商家掌握全局，方便管理。

日常类型：商家自定义设置策略，每个商品最多可以设置三条策略，时间可以重叠。"日常"策略在"未开始"和"推广中"状态，均可编辑删除策略，如图4.69所示。日常策略少于3条时，还可以继续"添加策略"。

默认　推广中　今日　2017-09-04　42.00%　满102.00减100.00　（80/80）

日常　推广中　起：2017-07-27　止：2017-10-31　42.00%　满5.00减3.00　（0/5）　编辑 | 删除

商品ID：

¥123.00

图 4.69　编辑策略

删除未开始日常策略当即生效，删除推广中日常策略隔日生效。如图4.70所示。

第八步：查看商品推广数据。

①默认可看所有商品今日实时数据，点击右侧"查看更多数据"可查看全部。如图4.71所示。

②可查看单品的今日实时推广效果，如图4.72所示，点击数据效果查看。

③查看数据效果报表。

数据效果报表包括商品推广报表、活动推广报表、平台推广报表，下面分别介绍。

图 4.70　删除策略

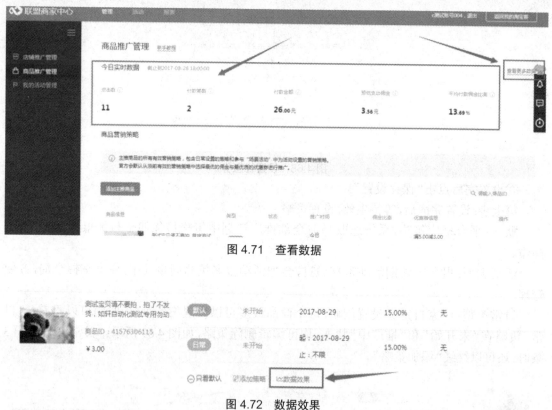

图 4.71　查看数据

图 4.72　数据效果

　　商品推广报表:包含商品的日常策略推广与商品参加的所有活动推广数据,可根据商品标题或者商品 ID,选择时间范围查看商品对应数据。

　　活动推广报表:查看团长活动推广数据,可以自由选择活动、商品选择时间范围进行查看推广明细。

　　平台推广报表:即是平台主推的推广数据,可根据商品标题或商品 ID,选择时间范围,查看商品推广明细。

　　2. 如意投计划

　　如意投是淘宝客的一种产品,运用淘宝官方渠道和资源进行推广。与通用计划一样,对于卖家没有任何前期推广成本。按实际成交金额 * 产品对应佣金比率。(假如产品设置成主推商品,按主推商品设置的佣金,没有添加主推,按类目佣金扣费)。

(1)优势

①只需开启如意投推广并且设置相对应的类目佣金就可。

②系统智能分析,依据用户行为进行精准推广,让商品更易展现在顾客面前。

③系统自动推广,节省找淘客漫长的过程,调整佣金设置可影响流量数值。

④依托联盟自有媒体和合作伙伴的推广渠道,为卖家带来更多站外高质量流量。

(2)展示位置

系统根据卖家设置的佣金比例和宝贝综合情况,把商品智能推广至爱淘宝搜索结果页、中小网站橱窗推广等页面上展现。

①爱淘宝(ai.taobao.com)搜索以及首页文字链进入的展现结果。 如图 4.73 所示。我们可以在爱淘宝首页的搜索框,搜索跟我们宝贝相关的关键词,查看搜索结果。

图 4.73　爱淘宝显示

②中小网站的橱窗推广,如图 4.74 所示

图 4.74　橱窗推广

（3）操作指南

第一步：进入阿里妈妈淘宝客后台，点击"cps 计划管理"找到如意投计划，然后激活计划（点击如意投计划前面"激活计划"按钮）。如图 4.75 所示。

推广计划　佣金计算规则解读>>　　　　　　　　　　　　　　　　　　　查看仍有效果数据的已删除计划>

状态	计划名称	产品类型	结算佣金	结算金额	平均佣金比率	点击数	引入付款笔数	引入付款金额	点击转化率	操作
👆	通用 通用计划	淘宝客	0.00	0.00	0.00%	12	0	0.00	0.00%	
👆	活动 活动计划	淘宝客	0.00	0.00	0.00%	0	0	0.00	0.00%	查看
👆	如意投 如意投计划	如意投	0.00	0.00	0.00%	0	0	0.00	0.00%	
👆	定向 定向计划	淘宝客	0.00	0.00	0.00%	0	0	0.00	0.00%	

图 4.75　激活如意投计划

第二步：新增主推商品，最多可增加 30 款，虽然可以推广很多款，但是我们还是以主推和副推为主，集中精力主力打造精品。如图 4.76 所示。

佣金管理　商品报表

类目/商品名称	设置佣金比率	质量评价	排名参考	行业佣金参考	展现数	点击数	引入付款笔数	引入付款金额	操作
零食/坚果/特产	10.00%	-	-	0.00%	-	-	-	-	编辑佣金比
粮油米面/南北干货/调味品	10.00%	-	-	0.00%	-	-	-	-	
水产肉类/新鲜蔬果/熟食	10.00%	-	-	0.00%	-	-	-	-	

图 4.76　增加主推商品页面

第三步：激活计划投放，可以投放或者停止投放，只能停止不能删除。如图 4.77 所示。

推广计划　佣金计算规则解读>>

状态	计划名称	产品类型	结算佣金	结算金额	平均佣金比率	点击数
👆	通用 通用计划	淘宝客	0.00	0.00	0.00%	12
👆	活动 活动计划	淘宝客	0.00	0.00	0.00%	0
👆 投放 ✓ 停止	如意投计划	如意投	0.00	0.00	0.00%	0
	定向计划	淘宝客	0.00	0.00	0.00%	0

图 4.77　设置投放

第四步：确认如意投服务协议，投放如意投计划之后需要确认与淘宝的协议。如图 4.78 所示。

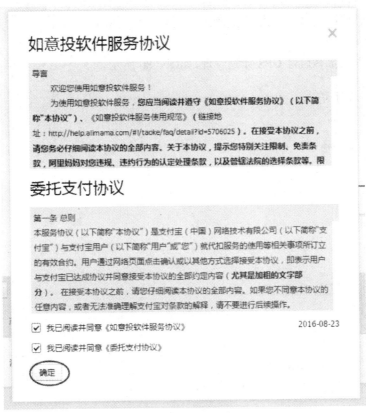

图 4.78　确认服务协议

第五步：立即激活，如图 4.79 所示为激活页面，在激活后设置佣金，佣金设置越高越好，只要在承受能力范围之内都可以，当然我们还是不亏损为好，把利润全部送给淘客或者消费者，最大力度的提升销量。

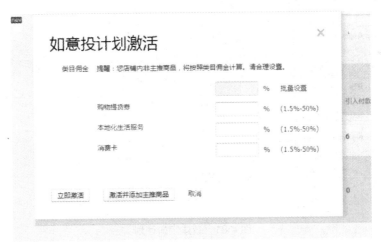

图 4.79　激活页面

3. 定向计划

定向计划是卖家针对不同质量的淘客设置的推广计划。卖家可以设置高佣金来筛选加入的淘客等级，也可以自主联系淘客来申请加入，从而建立与优质淘宝客的长期稳定合作。除了一个通用推广计划外，卖家可以设置最多 30 个定向推广计划。

（1）操作指南

第一步：进入淘宝客后台 CPS 计划管理，如图 4.80 所示。

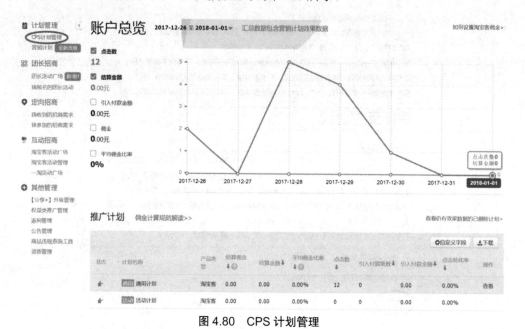

图 4.80　CPS 计划管理

第二步：建立定向计划，点击"新建定性计划"。如图 4.81 所示。

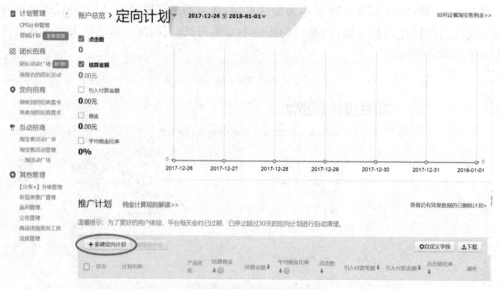

图 4.81　新建定向计划

第三步：在新建定向计划中，设置计划名称、计划类型、审核方式、起止时间、类目佣金。计划名称自行填写即可；计划类型、起止时间根据自身计划填写即可；审核方式选择手动审核，便于审核淘客的质量；类目佣金只要不亏损就可以。如图 4.82 所示。

新建定向计划

计划名称　精准定向

计划类型　不公开（新建定向公开单品推广，请前往营销计划设置）

审核方式　○ 自动审核　所有　的淘客　● 全部手动审核

起止日期　2018-02-13 至 不限

类目佣金　提醒：您店铺内非主推商品，将按照类目佣金计算。请合理设置。

	%	批量设置
零食/坚果/特产	20 ％	(1.5%-70%)
水产肉类/新鲜蔬果/熟食	20 ％	(1.5%-70%)
粮油米面/南北干货/调味品	20 ％	(1.5%-70%)

图 4.82　设置定向计划

以食品类目提拉米苏为例实操钻石展位

（1）简介

钻石展位通对产品广告投放，依靠广告创意吸引顾客的点击获得流量，间接地提高产品的收藏转化率，钻石展位范围广、目标定向性强，可以为产品找到潜在的有强烈购买意向的顾客。

（2）操作步骤

第一步：建立一个宝贝引流计划。如图 4.83 所示，前期宝贝引流更为精准且按点击付费，而店铺引流可以按展现付费，但是前期按展现付费投入太大不可控，所以前期新手不推荐按展现付费。

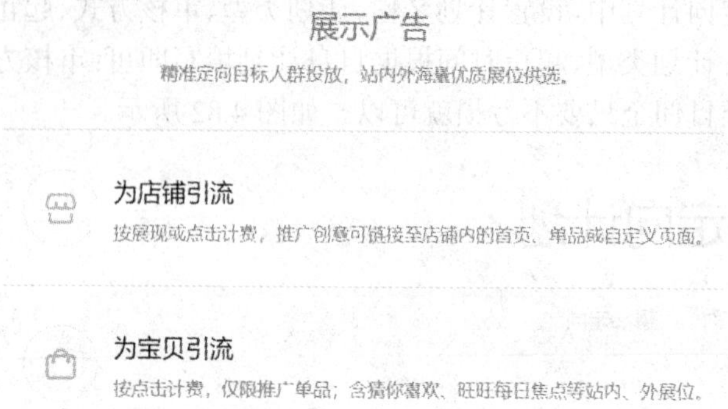

展示广告
精准定向目标人群投放，站内外海量优质展位供选。
为店铺引流
按展现或点击计费，推广创意可链接至店铺内的首页、单品或自定义页面。
为宝贝引流
按点击计费，仅限推广单品；含猜你喜欢、旺旺每日焦点等站内、外展位。

图 4.83　建立计划

第二步：营销场景选择拉新。新店铺我们主要以拉新为主，根据不同的目的不同对待。地域和时间前期我们按系统模板选择，后期以市场参谋和流量解析的分析结果为准。如图 4.84 所示。

计划
单元
定向
资源位
创意
+ 新建推广计划
设置
详情
报表
复制
移除
置顶
加入对比
设置营销参数
每日流量预估
72,830,870
267,454,460
人群关系
基本信息
提拉米苏拉新计划
3000

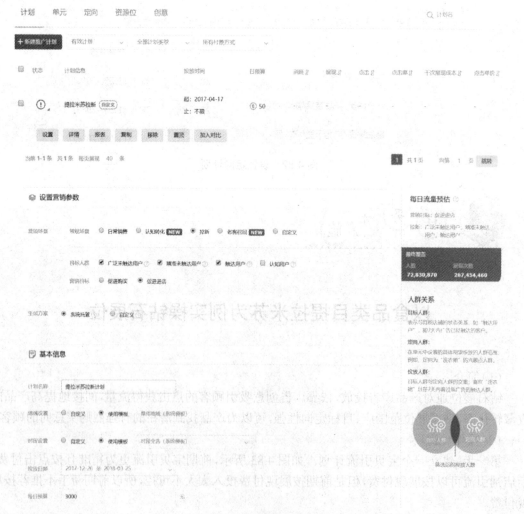

图 4.84　设置信息

第三步：访客定向。我们圈定同行业相似提拉米苏店铺，圈定人群，通过市场参谋和自己分析结果来圈定那些优势没有我们多，价格没我们低或者服务没我们好的店铺进行竞争，规避同业优势巨大的 top 级店铺。种子店铺选择与我们优势差不多的竞争对手。如图 4.85 所示。

图 4.85　添加种子店铺

第四步：行业店铺定向。选择自己行业的精准类目零食。如图 4.86 所示。

图 4.86　选择类目

　　资金雄厚的店铺可以为了前期快速拉升销量选择相关类目,比如我们做提拉米苏目标群体都是一些喜欢欧美风格的小清新小资女人,所以我们可以选择这些相关类目。如图 4.87 所示。

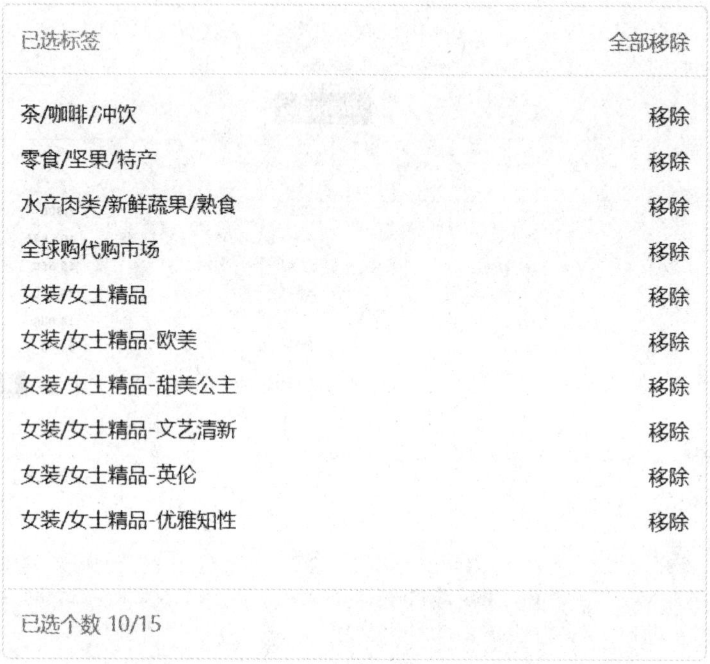

已选标签	全部移除
茶/咖啡/冲饮	移除
零食/坚果/特产	移除
水产肉类/新鲜蔬果/熟食	移除
全球购代购市场	移除
女装/女士精品	移除
女装/女士精品-欧美	移除
女装/女士精品-甜美公主	移除
女装/女士精品-文艺清新	移除
女装/女士精品-英伦	移除
女装/女士精品-优雅知性	移除
已选个数 10/15	

图 4.87　选择相关类目

　　勾选智能定向,如图 4.88 所示。智能定向是淘宝通过大数据计算为卖家推荐最精准人群。

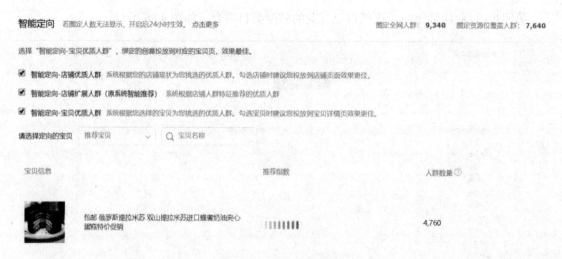

图 4.88　勾选智能定向

　　第五步:相似宝贝定向。系统根据顾客的购物行为为卖家推荐喜欢我们宝贝或者相似宝贝的精准人群。如图 4.89 所示。

图 4.89　相似宝贝定向

第六步：目标类型定向—高级兴趣点。选择精准细分子类目，提拉米苏有很多种类、品牌、做法、形状、材质、口味等，根据我们销售的提拉米苏种类具体选择。如图 4.90 所示。

类目型定向-高级兴趣点　　　　　　　　　　　　　　　　　　　　圈定全网人群　未知ⓘ　圈定资源位覆盖人群　未知

标签	所属类目	人群相关度	人群数量	全部添加		已选标签	所属类目	人群相关度	人群数量	全部移除
标签筛选：	全部类目			⌄		提拉米苏奶油蜂蜜	零食/坚果/...		175,460	移除
奶油蛋糕提拉...	零食/坚果/特...		较少	添加		提拉米苏双山	零食/坚果/...		116,740	移除
双山提拉米苏...	零食/坚果/特...		177,740			提拉米苏蛋糕早餐	零食/坚果/...		3,500	移除
提拉米苏长方...	厨房/烹饪用具...		较少	添加		提拉米苏蛋糕速递	水产肉类/新...		520	移除
提拉米苏蛋糕...	厨房/烹饪用具...		较少	添加	《	提拉米苏蛋糕零食	零食/坚果/...		31,500	移除
提拉米苏蛋糕...	厨房/烹饪用具...		7,020	添加	》	进口提拉米苏奶油	零食/坚果/...		116,740	移除
蜂蜜提拉米苏...	零食/坚果/特...		134,420			提拉米苏蛋糕	零食/坚果/...		116,740	移除
烘焙提拉米苏...	厨房/烹饪用具...		2,240	添加		进口提拉米苏蛋糕	零食/坚果/...		116,740	移除
提拉米苏蛋糕...	零食/坚果/特...		较少	添加		提拉米苏蛋糕千层	零食/坚果/...		27,940	移除
俄罗斯提拉...	零食/坚果/特...		116,740			双山提拉米苏蛋糕	零食/坚果/...		177,740	移除
不锈钢提拉米...	厨房/烹饪用具...		7,080	添加		蜂蜜提拉米苏蛋糕	零食/坚果/...		134,420	移除
						已选个数 18/50				

图 4.90　高级兴趣点

第七步：店铺型定向。系统根据我们店铺主营类目、成交额、客单价等维度圈定精准人群，我们的提拉米苏客单价在 20 元—50 元之间。如图 4.91 所示。

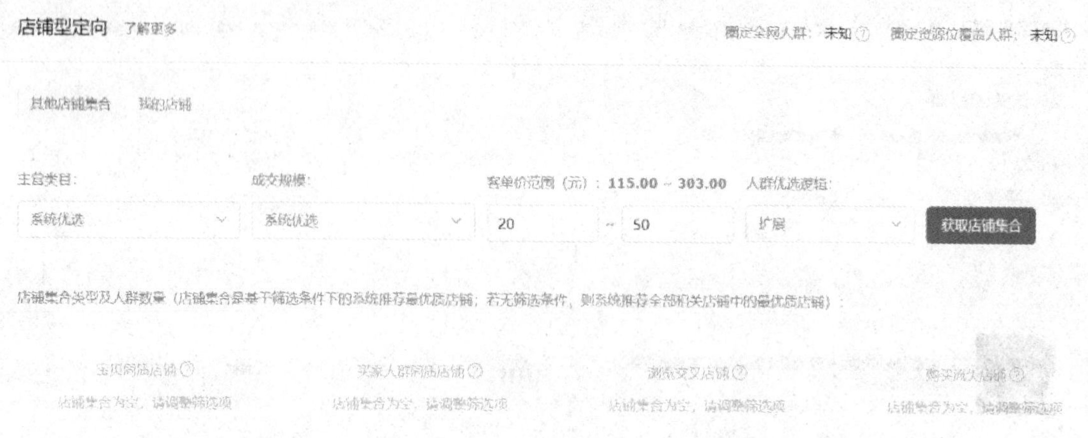

图 4.91　其他店铺集合

店铺型定向:选择最近一段时间内对我们店铺有意向的顾客,如图 4.92 所示。对顾客增加展现叠加,增强老顾客或者有浏览行为的顾客的对商品的潜意识,看的次数多了就有可能产生印象,从而产生购买行为。

图 4.92　我的店铺

第八步:资源位选择。我们选择点击率比较高的资源位,点击率超过 1% 的。网站行业选择网上购物,创意类型选择图片,平台全选。如图 4.93 所示。

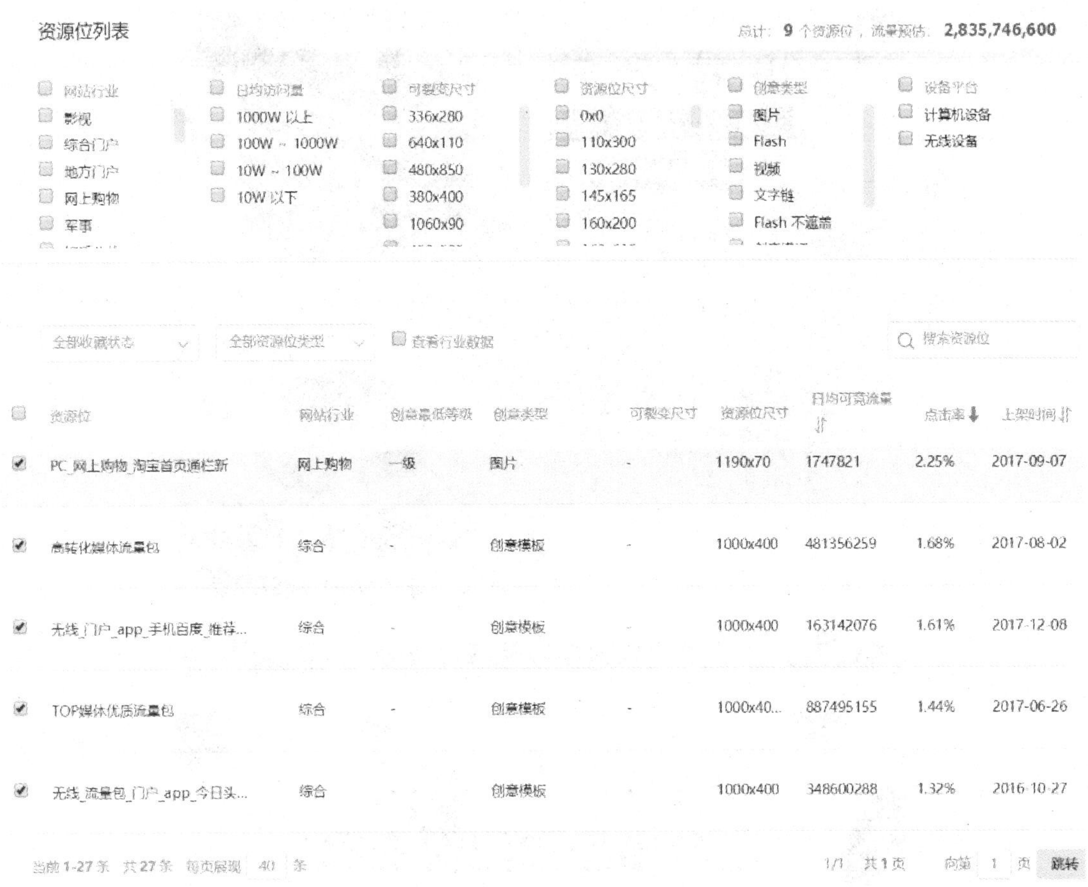

图 4.93　资源位选择

第九步：制作图。根据不同资源位尺寸的要求，做几张创意图。如图 4.94 所示。

第十步：出价优化。

CPC×CTR×1 000=CPM，想要提高 CPM 最关键在于点击率 CTR 的提升。

钻石展位是按 CPM 的高低来决定展现顺序，eCPM 是为了获取竞价展现的。就如传统模式中，系统市场均价是 70 元，我们 CPM 出价 50 元，那么可获得流量就少。所以，如果我们在竞争的位置是 70 元，要根据我们之前的点击率设置价格，预估出一个合理的 eCPM。

假如我们出价 0.8，预估 CTR 是 5%，我们的 eCPM=40 元，所以会优先展现，下一名的价格是 29.9 元，扣费就按 30 元来，反之扣费价格就是 0.6 元。

既然 CTR 那么重要，怎么提高系统对 CTR 的预估呢？通过定向、资源位、创意这三方面，我们来分别讲解。

（1）定向投放，取决于我们设置 CPC 的定向模式，人群定向越精准点击率越高。

（2）资源位选择恰当。

（3）创意很重要，一定要用高点击率的创意图，让系统打分更高。

CPC 模式的定向投放同 CPM 模式一样，CPC 的定向也是影响钻石展位投放效果最核心因素。

CPC 模式下有四种不同的定向，策略不同，投放效果也不同。

图 4.94　创意图

　　出价策略:资源位众多,可以不断测试,寻找性价比高的资源位,这里要讲解一下出价。我们可以先出低价格,比如 CPC 设为 1 元,投放一段时间,看看数据,尤其是点击率,如果点击率是 8%,那么可以算出 CPM=80,这时查看此资源位 CPM 市场均价,例如现在无线手淘首焦的 eCPM 是 115,那么在 CPC 模式下,80 肯定是展现量不高的,那么只有提高价格或者优化素材和定向,才能提高 CTR 的预估。

　　总结来说 CPC 模式下,关键是运用一切手段提高点击率,系统估算出高 CTR;选择定向之前,明确推广目标,要转化,就做核心用户,要拉新就多选择定向人群;控制 CPC,观察收藏点击效果,不断优化创意提高点击率,优选资源位,优化出价。

【拓展目的】

淘宝客活动又名"鹊桥"，顾名思义是搭建淘客与卖家之间的沟通推广的桥梁。卖家在淘客创建的活动广场报名活动，淘客针对报名的商品筛选之后进行推广。针对此次的学习，更好地掌握淘宝客活动的操作方法。

【拓展内容】

活动可以公开给其他淘客，若选择公开则当有其他淘客推广该活动，成交后获得的佣金按一定比例给活动创建者。淘客发起活动，卖家自主报名，无需费事找淘客。运用站外流量打造爆款，每天几万活动任由卖家挑选报名。卖家不用繁琐的操作优化，只需挑选商品报名就可以。

【拓展步骤】

第一步：登录到淘宝客后台，登录账号，点击"进入我的淘宝客"。

第二步：点击推广管理，找到"互动招商"并点击"淘宝客活动广场"。如图 4.95 所示。

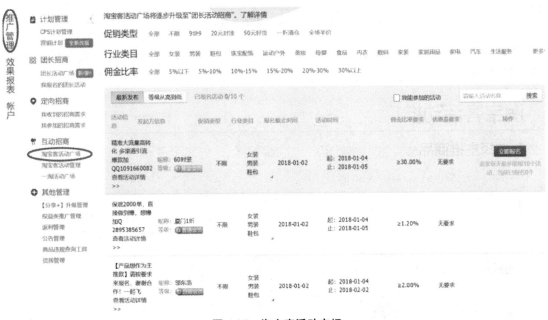

图 4.95　淘宝客活动市场

第三步：筛选活动，选择自己想报的活动，并立即报名。可通过"促销类型"、"行业类目"、"佣金比例"等进行筛选；或者通过"最新发布"或"等级从高到低"；也可通过"活动名称"搜索，查找想报名的活动；如图 4.96 所示。

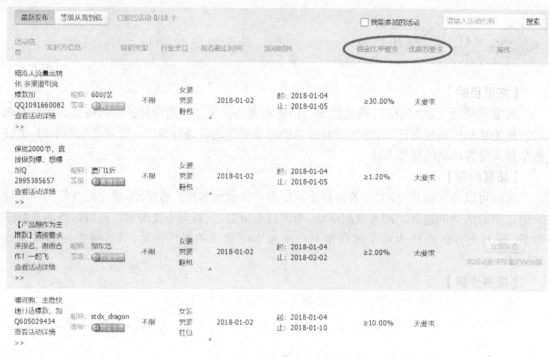

图 4.96　筛选活动并报名

第四步：选择对应可报名的宝贝，不支持参加该活动的宝贝会被打标"条件不符合"。如图 4.97 所示。

图 4.97　选择主推商品

第五步：设置商品佣金比例、添加创意。（具体步骤参考技能点三）如图4.98所示。

图 4.98　设置商品佣金比例、添加创意

　　本章介绍了淘宝平台付费引流的方式，通过本章的学习可以了解付费引流的方式，以步骤的方式掌握付费引流的方法，学习之后能够利用付费引流提升产品的销量、转化率。

出价	bid	计划	plan
创意	Creative	直通车	Through train
展位	booth	关键词	key word
定向	Orientation	质量分数	Quality score

一、选择题

1. 直通车的竞价模式（　　）。

A. CPM 竞价 　　　　　　　　B.CPC 竞价

C. PPC 竞价 　　　　　　　　D. APP 竞价

2. 钻石展位宝贝引流的竞价模式（　　）。

A. CPC 竞价 　　　　　　　　B. CPM 竞价

C. CTR 竞价 　　　　　　　　D. PPM 竞价

3. 不属于质量分优化因素的是（　　）。

A. 买家体验 　　　　　　　　B. 相关性

C. 创意质量 　　　　　　　　D. 物流速度

4. 关于质量分描述不正确的是（　　）。

A. 最高 10 分 　　　　　　　B. 需要精准相关性

C. 引流最大化 　　　　　　　D. 随意组合

5. 不影响质量分的数据维度（　　）。

A. PV 　　　　　　　　　　　B. 点击率

C. 转化率

二、上机题

1. 制作三幅有关于"提拉米苏"的钻石展位创意图。

第五章 淘宝女装客户关系管理

通过建立女装店铺专属 CRM 模型，了解 CRM 短信营销的步骤，熟悉店铺宝、单品宝的设置，掌握 VIP 设置方法，具备管理客户关系的能力。在任务实现过程中：

- 了解 CRM 短信营销的重要步骤。
- 熟悉店铺宝、单品宝的实现流程。
- 掌握店铺 VIP 设置方法。
- 具备管理客户关系的能力。

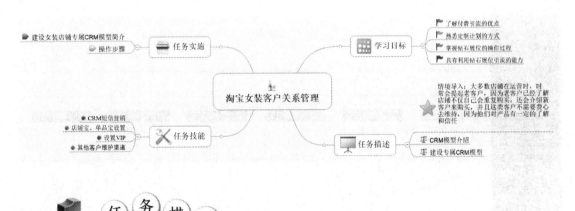

【情境导入】

大多数店铺在运营时，会非常重视老客户，因为老客户已经了解店铺，不仅自己会重复购买，还会介绍新客户来购买，可以为店铺带来新的流量并且增加产品销量。因此，在店铺运营后期，我们需要对店铺老客户开展一系列的优惠活动，这样才能留住老客户。本章节主要通过建立女装店铺专属 CRM 模型，对短信营销、设置 VIP、店铺宝等知识点的介绍，学习如何维护店铺的老客户,提高商品销量达到优质的推广效果。

技能点 1　CRM 短信营销

1. 简介

CRM 即客户关系管理,通过改进店铺管理方式,向客户提供创新、个性化的交流和服务。其最终目标是吸引新客户、维护老客户以及将已有客户转为忠实客户,增加产品销量,获得更多的利润。

短信营销是 CRM 的必备工具。通过客户运营平台的短信营销,可以灵活的实现圈选人群、添加访问、收藏、加购标签、设置智能发送时间、精准定向投放短消息等功能。根据客户消费行为进行分析,建立店铺精准的客户模型,最终根据不同的客户模型进行精准营销,将优惠活动推送到客户手机,提高产品展现频率、客户购买率、二次回购率以及客户粘度。

2. 短信营销重要步骤

客户运营平台是淘宝官方提供的,帮助卖家提升客户管理与运营效果的平台。短信营销可以在客户运营平台中设置,首先登录客户运营平台然后进入智能营销页面,如图 5.1 所示。

图 5.1　短信营销

在"短信营销"入口点击"立即创建",进入短信营销功能设置页面。如图 5.2 所示。短信营销重要步骤包括选择人群、选择权益、选择转化渠道以及查看效果,具体步骤如下所示。

图 5.2　短信营销界面

（1）选择人群。

首先需要确定营销目标，根据营销目标选择合适的目标人群，目标人群分为老客户和新客户，通过图 5.3 点击"更换营销用户"，可进行修改。

图 5.3　选择人群

如果营销目标是为了留住老客户，那么营销的目标人群就应该选择有过付款行为的人群，如图 5.4 中的"老客户维护"；如果选择吸引新客户，可以选择有过浏览产品记录但没付款的人群。人群设置好后，可以在编辑页面看到圈定人数。

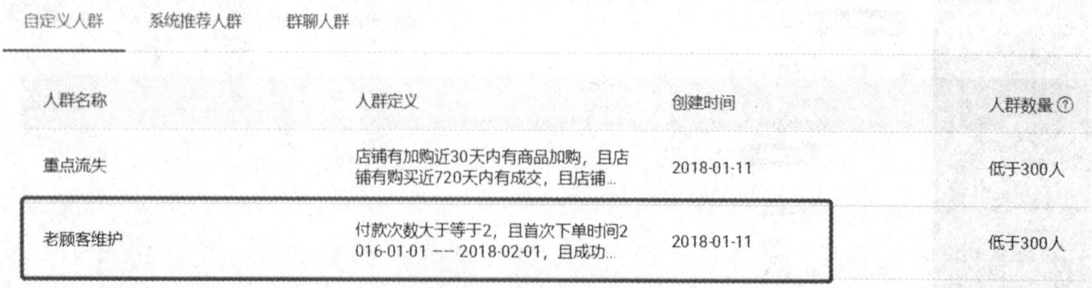

自定义人群
系统推荐人群
群聊人群
人群名称
人群定义
创建时间
人群数量
重点流失
店铺有加购近30天内有商品加购，且店铺有购买近720天内有成交，且店铺...
2018-01-11
低于300人
老顾客维护
付款次数大于等于2，且首次下单时间2016-01-01 -- 2018-02-01，且成功...
2018-01-11
低于300人

图 5.4　老客户维护

（2）选择权益

想要更好的转化目标客户，卖家需要为其准备专享权益，定制特别的优惠，让目标用户更容易转化。短信营销目前支持的权益是优惠券，可以直接发送到客户的卡券包里，无需手动领取。如图 5.5 所示。

选择权益
权益非必选
1.权益非必选，为了更好的营销效果建议选择；2.计划创建后，优惠券不能修改、删除；3.优惠券直接发送到买家卡券包，不需要买家领取。
优惠券
预览
目标人群 全部客户(--人)
发送时间 未选择
添加优惠券

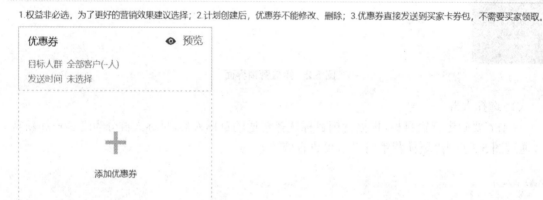

图 5.5　优惠券

选择优惠券，如果没有适用的优惠券，可以点击“新建优惠券”自行建立，如图 5.6 所示。

选择权益
创建店铺优惠券时，推广方式请选择"卖家发放"，推广范围请选择"客户关系管理"
+新建优惠券
权益活动名称
优惠券金额
发行量
已领取
活动时间
使用条件
根据您选择的人群规模，设置优惠券的数量建议达到-张，优惠券每天发送总量为5万张。

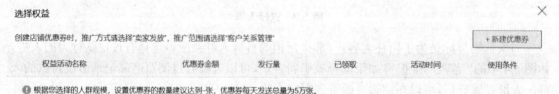

图 5.6　新建优惠券

在创建优惠券时，建议推广方式选择“卖家发放”，范围选择“客户关系管理”。发放数量要大于当前人群总数，以免因优惠券数量不够而发送失败。如果需要指定优惠券发送时间，可在定时发送里设定时间。名称条件等根据店铺实际情况进行填写即可。如图 5.7 所示。

图5.7　设置优惠券

（3）选择转化渠道

设置客户的优惠权益后，选择渠道将营销信息发送给客户。目前支持两种渠道分别为：短信和定向海报。如图5.8所示。短信会将营销信息推送至客户手机上，只支持对人群中的成交客户发放。定向海报是在店铺首页设置装修的模块，该模块可以对指定人群做个性化展示。建议将两种渠道全部选中，增加信息被看到的概率，增强转化率。

图5.8　转化渠道

①短信渠道的设置

首次使用短信功能，点击添加短信，在短信发送设置页面，可屏蔽黑名单用户，不进行发送。如果选择了优惠券权益,商家在淘宝上给客户发送优惠券,发送成功后会以短信的形式通知客户,若发送不成功则不向这个客户发短信。建议此两项均勾选。如图 5.9 所示。

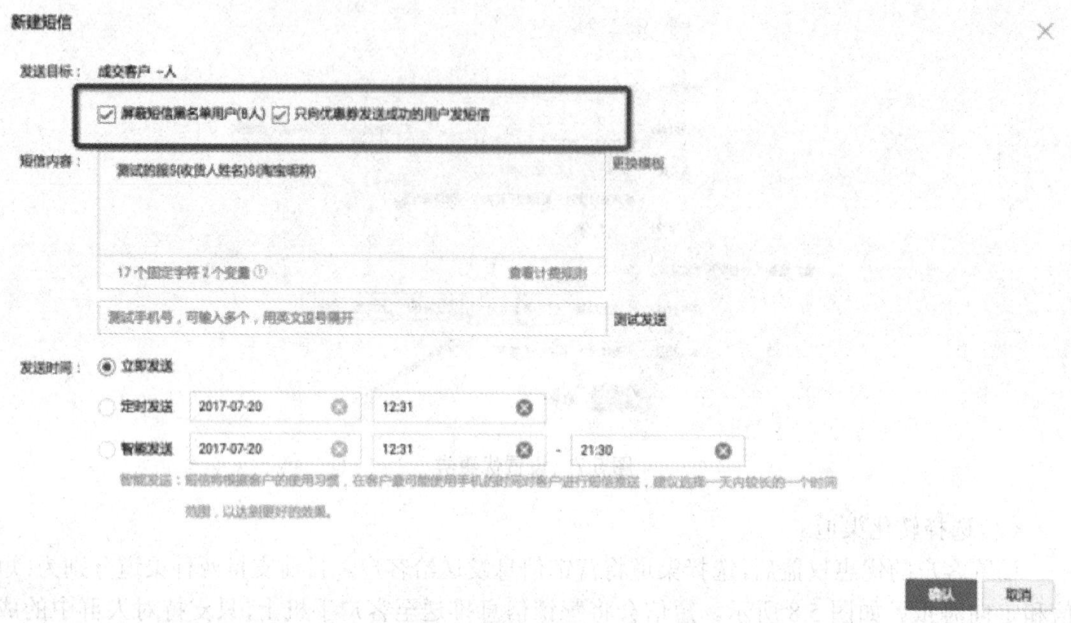

图 5.9　勾选发送目标

短信的内容以模板的形式保存,想要更换短信的内容可以点击"更换模板"。如图 5.10 所示。

图 5.10　短信模板

　　模板选择页面包含自定义模板和官方模板两种类型。自定义模板是自己创建，官方模板是系统内设的默认模板。如果想要自行创建内容，可点击新建模板，如图 5.11 所示；或在工具箱中的短信模板内进行管理。

　　注意：假如没有选择优惠券权益，则模板列表只会展示没有优惠券相关变量的模板，防止发送内容错误。

图 5.11　短信模板

　　在短信模板管理页面中创建新的模板后，需要提交审核，短信内容审核通过后，这个模板才能被使用。审核周期为 1 或 2 个工作日。（如有紧急使用短信的需要，推荐使用官方模板。）

　　选好模板以后，可在短信编辑页面中进行测试发送，如图 5.12 所示，观察短信接收效果。短信内容中的变量在测试发送时不会被替换，只在正式发送时才会更换。

　　如图 5.12 所示，短信发送可以选择三种方式：立即发送、定时发送及智能发送。

　　智能发送是指根据系统大数据来计算用户使用手机的时间，并且智能的在客户最有可能看短信的时间进行短信推送，所以如果选智能发送，推荐选择一天内比较大的时间范围，以此达到最好的效果。

　　②海报渠道的设置

　　选择想要呈现的海报内容，在跳转链接里填写卖家希望客户在点击海报时的跳转地址，选择希望海报推送的时间段，海报将会在这个时间生效，对人群进行定向展示。如图 5.13 所示。

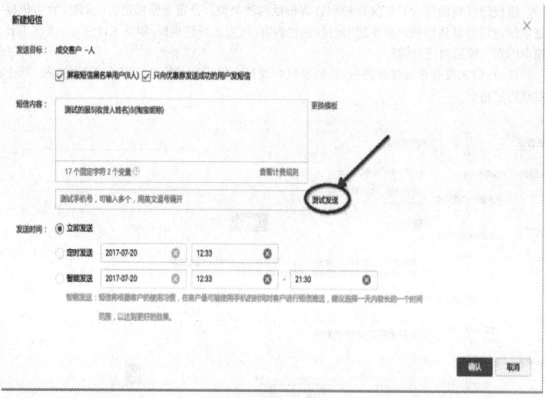

图 5.12　新建短信模板

海报

海报会展示在店铺首页，只对当前选择人群展示。您可在旺铺中选择定向模块装修的页面和位置。预览效果

展示目标：**全部客户 --**

图 5.13　编辑海报

　　如果设置了定向海报，需要进行店铺装修。打开旺铺后台，进入页面编辑，将"图文类 - 定

向模块"移动至旺铺首页醒目的位置,点击"保存"发布。如图 5.14 所示。

图 5.14　店铺装修

旺铺中的定向模块是客户运营平台里的定向海报,两者只是叫法不一样,本质是相同的。如图 5.15 所示。

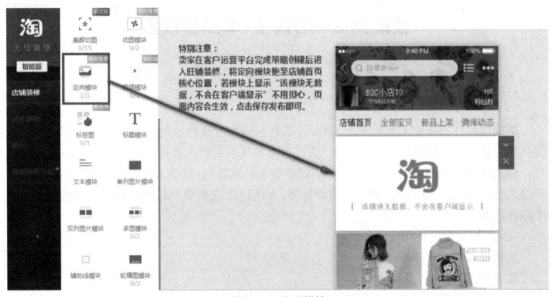

图 5.15　定向模块

（4）创建计划及查看效果

人群、权益、渠道全部设置后,开始设置策略名称。点击"创建运营计划",整个营销计划就创建完成。在计划启动后,不可以编辑和删除,如果不想计划执行,可以终止计划,计划执行的效果可以在计划列表中查看。如图 5.16 所示。

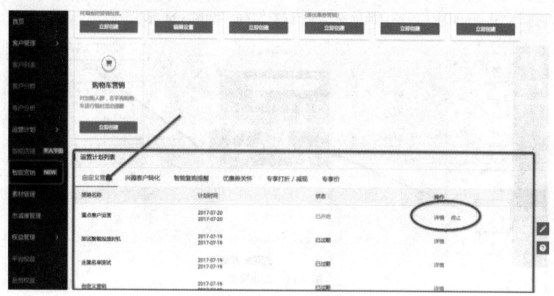

图 5.16　计划列表

技能点 2　店铺宝、单品宝设置

1. 店铺宝

（1）简介

店铺宝是针对指定人群的优惠工具，可以对不同人群设置不同的活动。其具有增加流量、提高客单价、提高客户转化率等优势。通过淘宝系统强大的大数据运算，建立精准的 CRM 模型。通过店铺宝中的客户人群管理，对店铺中存在的沉默用户（沉默用户相对于新用户和老客户之间，过去对我们店铺有印象，有购物行为，再次转化成本低于新用户），针对性的利用优惠手段再次激活。

（2）店铺宝设置步骤

店铺宝设置步骤如下：

第一步：店铺宝设置入口。

登录商家营销中心，选择"店铺宝"功能。如图 5.17 所示。

第二步：填写基本信息。

选择定向人群，系统有默认推荐的人群，如果推荐的人群不能满足卖家需求，卖家可点击"去 CRM 管理人群"按钮，跳转到客户运营平台（ecrm.taobao.com），进行人群设置（在客户运营平台设置的人群，会自动同步保存在"自定义"页面中），如图 5.18 所示。

第三步：新建人群。

新建人群页面如图 5.19 所示，点击右上角的"新建人群"，即可根据平台提供的人群标签，进行人群设置。

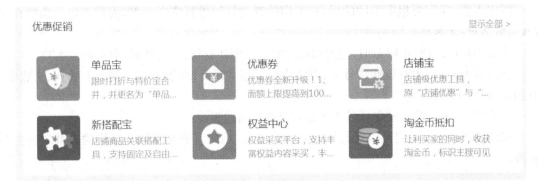

图 5.17　店铺宝

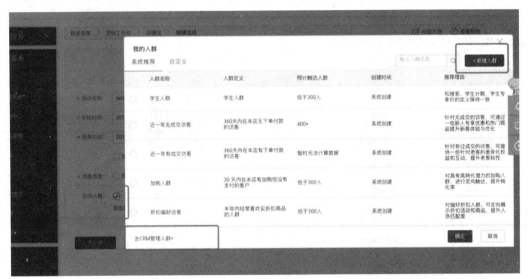

图 5.18　定向人群选择

图 5.19　新建人群

圈定人群,我们要根据不同的用户、不同的营销目的进行定向分群,人群可以分为潜在客户、沉默客户、老客户。

①潜在客户:有购物行为但是没有成交的客户,例如有访问、有收藏、有加购的客户。

②沉默客户:过去有过购物行为、有成交但是很久没有回购的客户,例如有访问、有收藏、有加购、有购买的客户。

③老客户:过去购买成交且付款次数和金额较高的客户。

如图 5.20 所示,我们可以对目标人群自由圈定,相比直通车和钻石展位的人群定向更为精准。

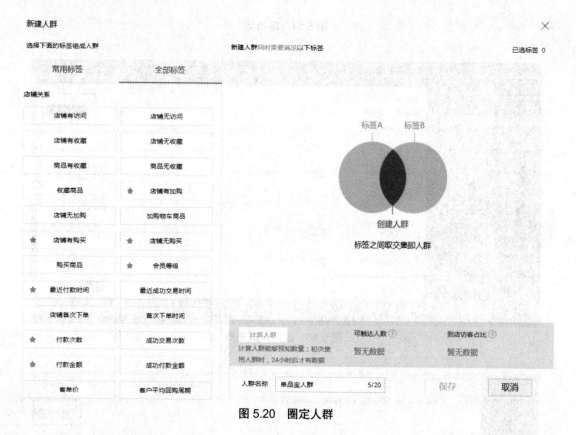

图 5.20　圈定人群

第四步:填写优惠内容。

优惠内容对于吸引顾客是非常重要的,常见的优惠内容如下:

①满减打折:满多少元减多少元。

②包邮:选择包邮后,参加活动的商品运费模板将会失效。

③赠送赠品:要将赠品发布到"其他 - 赠品类目"或者"其他 - 搭配类目"下,支持宝贝 id 名称及编码搜索,最多可以选择 8 个商品。

④赠送权益:选择对应权益类型,点击关联模板。

第五步:设置后消费者的前台展示。

赠品设置后在商品详情页展示,天猫商品详情展示赠品图片、名称等详细信息。如图 5.21 所示。

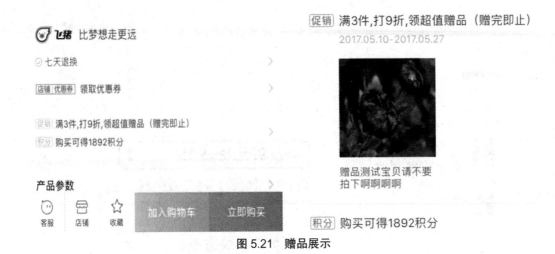

图 5.21　赠品展示

集市商品详情不展示具体赠品名称,显示"领超值赠品(赠完为止)"。如图 5.22 所示。

图 5.22　集市商品赠品展示

　　权益设置后:天猫、集市商品详情页(PC 端及无线端)均不展示权益内容;天猫、集市商品下单页,PC 端可展示权益内容,如图 5.23 所示,手淘不展示。

2. 单品宝

（1）简介

　　单品宝是针对指定商品的优惠工具,通过对不同人群设置不同的活动进行定向营销,运用优惠手段吸引老客户,同时有目标的打造具体商品销量。单品宝的优惠有打折、满减、促销价等,是打造爆款的利器。对于价格敏感的客户,可以把一些库存产品高折扣进行清仓;对于老客户可以投放一些新品促销;对于高消费能力客户可以投放一些客单价较高的产品优惠信息等。

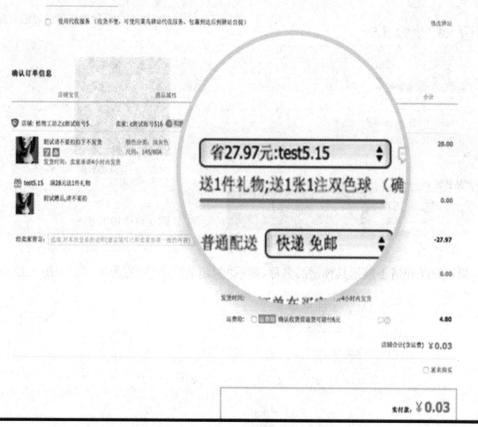

图 5.23　下单页

（2）单品宝设置步骤

单品宝设置步骤如下所示：

第一步：单品宝设置入口。

登录商家营销中心，选择"单品宝"功能。如图 5.24 所示。

图 5.24　单品宝

第二步：新建活动，填写信息。

如图 5.25 所示，活动名称不可以自定义只能选择系统标签；活动描述填写要简单明了；开始结束时间、优惠级别、是否包邮等根据店铺实际情况填写即可。

图 5.25　新建活动

第三步：选择活动商品。

选择店铺主推商品或者新品来推广，店铺类型、宝贝状态、宝贝名称等根据推广的产品以及店铺实际情况进行填写即可。如图 5.26 所示。

图 5.26　选择产品

第四步：设置商品优惠。

选择好商品之后设置不同商品的优惠方式，点击商品打折下方"点击设置"即可设置商品优惠。如图 5.27 所示。优惠方式有以下几种。

① SKU 打折。商品打折可以批量设置，也可以对不同商品进行不同的 SKU 打折，库存较大或者主推商品 SKU 打折力度要高，并全力推广。如图 5.28 所示。

图 5.27 设置优惠

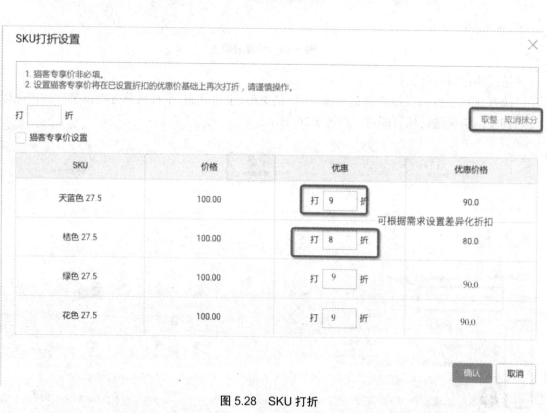

图 5.28 SKU 打折

②猫客专享价(猫客是指在天猫上买商品的客户):根据店铺情况填写折扣,并且在"猫客专享价设置"前打"√"。如图 5.29 所示。设置猫客专享价需注意:

- 猫客专享价非必填。
- 设置猫客专享价将在已经设置折扣的优惠价基础上再次折扣。
- 猫客专享价为历史记录最低价。

③宝贝减钱:在折扣的基础上可以设置直接减钱,根据店铺情况填写优惠价格,同时在这里也可以设置猫客专享价。如图 5.30 所示。

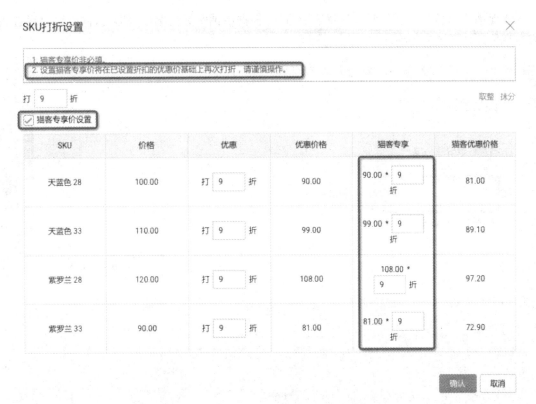

图 5.29　猫客专享价

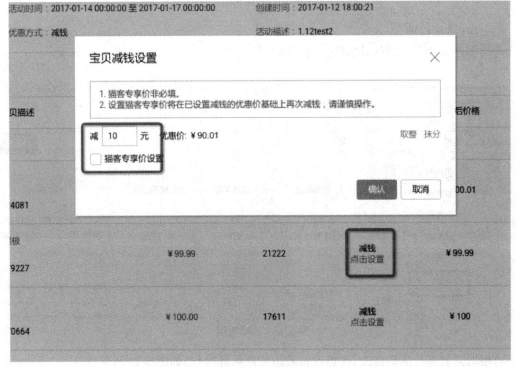

图 5.30　宝贝减钱

④促销价：设置宝贝促销价，让优惠更直接，根据店铺实际情况填写即可，同时可以设置猫客专享价。如图 5.31 所示。

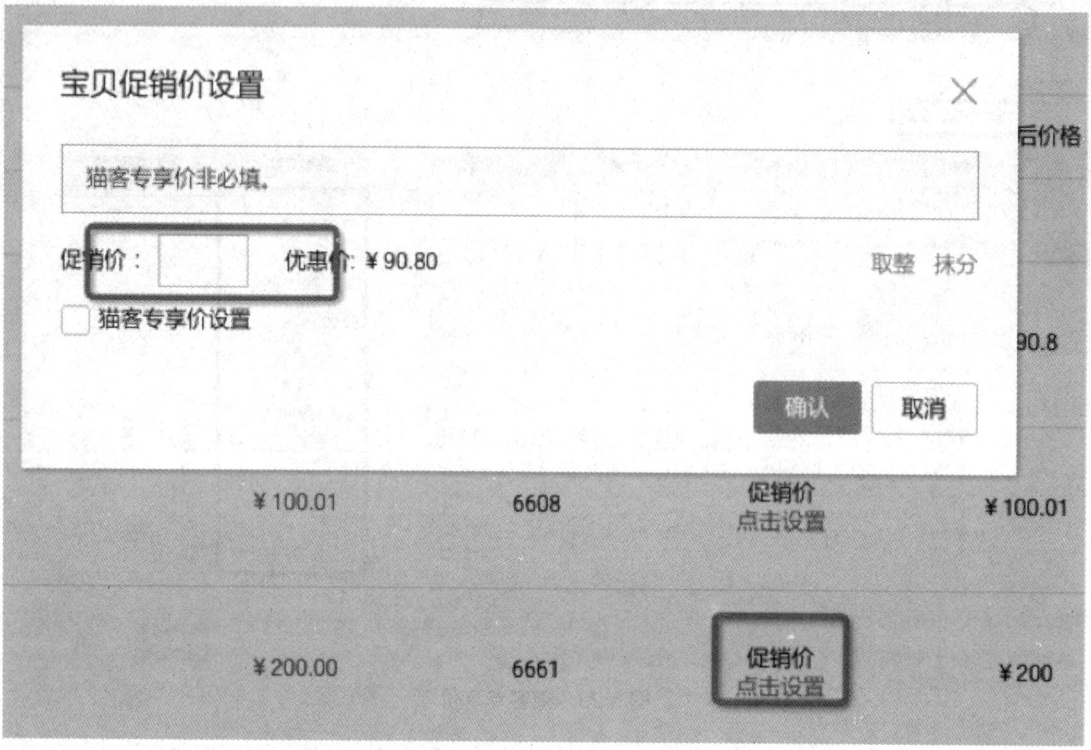

宝贝促销价设置 ✕

猫客专享价非必填.

促销价：⬚ 优惠价：￥90.80 取整 抹分

☐ 猫客专享价设置

后价格

90.8

确认 取消

￥100.01 6608 促销价
点击设置 ￥100.01

￥200.00 6661 促销价
点击设置 ￥200

图 5.31 促销价

第五步：活动管理。

活动创建完毕后，选择活动状态下拉列表，找到相对应的活动。如图 5.32 所示。

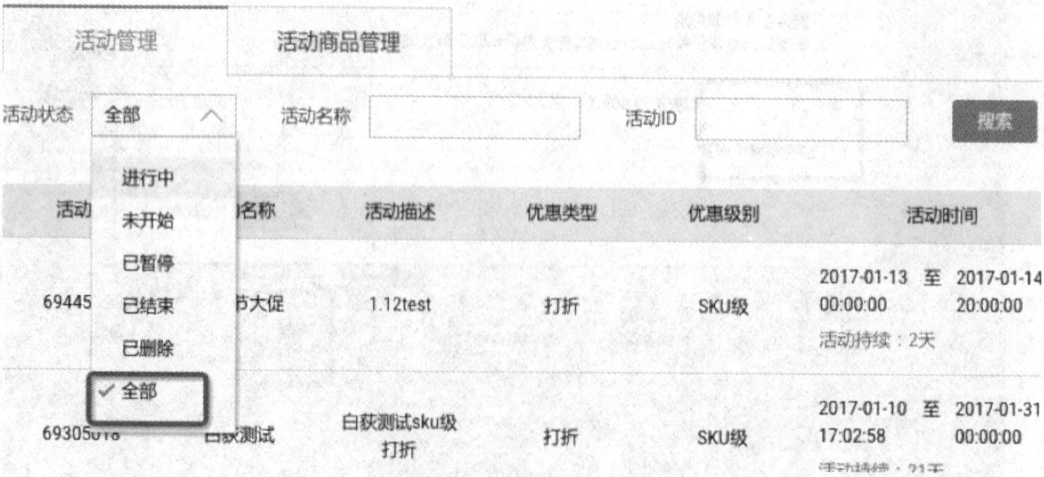

| 活动管理 | 活动商品管理 | | | | |

活动状态 全部 ⌄ 活动名称 ⬚ 活动ID ⬚ 搜索

进行中
未开始
已暂停
已结束
已删除
✓ 全部

活动	名称	活动描述	优惠类型	优惠级别	活动时间
69445	节大促	1.12test	打折	SKU级	2017-01-13 至 2017-01-14 00:00:00　20:00:00 活动持续：2天
69305018	白荻测试	白荻测试sku级 打折	打折	SKU级	2017-01-10 至 2017-01-31 17:02:58　00:00:00

图 5.32 活动管理

可根据需要进行活动修改、优惠设置及添加商品等操作，如图 5.33 所示。

图 5.33　活动修改

针对"已结束"状态的活动，可选择"重启"，重新设置活动时间，如图 5.34 所示。

图 5.34　重启活动

第六步：商品管理。

针对活动中和未开始的宝贝，进行"编辑状态"和"撤出活动"操作。如图 5.35 所示。

图 5.35　编辑宝贝

技能点 3　设置 VIP

1. 店铺 VIP

（1）简介

VIP 是一种运用十分广泛的用来增加客户粘度的营销工具。其是 CRM 营销核心工具之一,是最直接有效管理店铺客户的营销方法。其可以吸引新客户,留住老客户,提高店铺形象;为会员提供优惠活动,加深 VIP 会员记忆,提高客户粘度、忠诚度以及客户二次回购率,提升产品和店铺权重。

（2）操作步骤

设置 VIP 等级步骤如下:

第一步:进入"客户运营平台"→"忠诚度管理"→"VIP 设置",点击"修改设置",即可跳转至设置 VIP 界面。如图 5.36 所示。

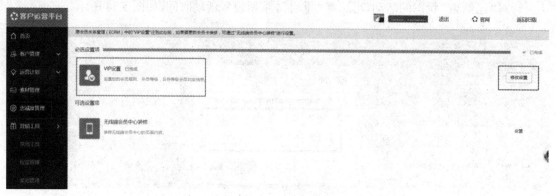

图 5.36　设置 VIP 界面

第二步:设置会员 VIP 等级,最多可以设置 4 个会员等级,可以根据交易额或交易次数进行设置,要满足"交易额或者交易次数逐级递增"。客户满足交易额与交易次数其中一种条件就可以升级为会员,同时可以进行会员卡的款式设计。如图 5.37 所示。

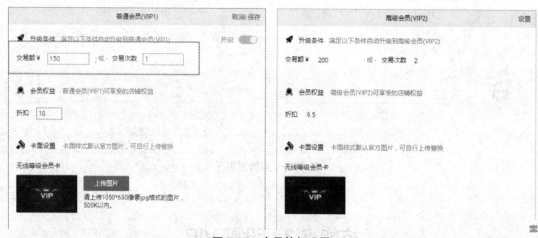

图 5.37　会员等级设置

会员 VIP 等级要谨慎设置,因为会员 VIP 等级不是实时更新的,如果随便改动,可能会在新旧规则下呈现错误的结果。设定好会员 VIP 等级之后,不是原有会员的 VIP 等级会马上变化,老会员再次进行成功交易后,系统才能判断 VIP 等级,然后再自动升级。新客户确认收货后,会根据店铺 VIP 的等级设置,立即判定并自动赋予 VIP 等级。

第三步:普通会员保存后如果要设置高级会员,要确保开启状态,点击右上角"开关"。如

图 5.38 所示。

图 5.38　开启自动升级

设置完 VIP 折扣后，并不是所有会员浏览商品就能看到 VIP 价格，商家可以自由选择参与 VIP 折扣的商品，所以在发布商品信息或宝贝编辑时，勾选"参与会员打折"，如图 5.39 所示。

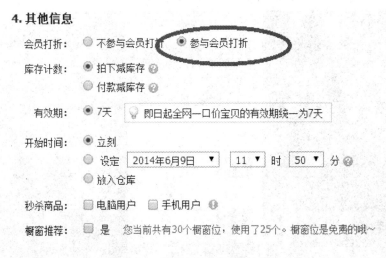

图 5.39　设置产品参与会员打折

第四步：装修会员中心。在"无线端会员装修中心"进行设置，设置页面如图 5.40 所示。

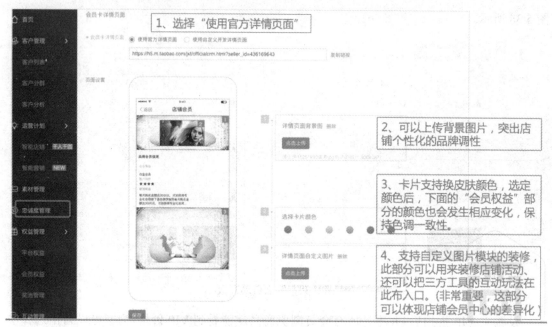

图 5.40　装修会员中心

设置完成后的会员中心如图 5.41 所示。

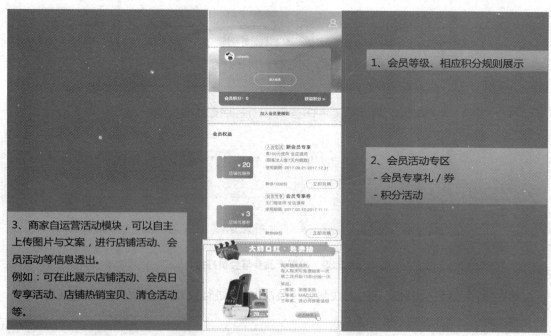

图 5.41 设置完成后会员中心界面

第五步：把会员中心在店铺首页装修出来。在"忠诚度管理"进入"无线端会员装修中心"获取会员中心的页面链接，如图 5.42 所示。然后把链接装修到无线店铺首页的菜单中，会员可随时进入会员中心，查看自己在店铺的权益。

图 5.42　获取页面链接

2. 会员积分

（1）会员积分简介

客户在店铺消费产生会员积分，客户可以根据积分的多少参加店铺会员活动并领取优惠。店铺方面可以针对不同积分的客户设置不同的活动或优惠，以此提高客户粘度。如图 5.43 所示，在"忠诚度管理"—"会员积分"里可以查看积分活动等。

图 5.43　会员积分

（2）设置会员积分

设置会员积分的步骤如下所示：

第一步：完成基础的积分规则设置。根据客户不同的消费额设置不同的积分获取阶段；不同等级获得不同的积分；设置积分有效期；不同的商品获得不同的积分。如图 5.44 所示，设置各个积分。

第二步：设置积分活动。完成积分规则设置后，点击"积分活动"，进入积分活动页面完成各个活动设置（在这里设置的活动将在会员中心对客户进行展示，请大家一定要设置，否则会员中心会是空的）如图 5.45 所示。

第三步：调整积分。如果需要手动改动某个消费者的积分，可在客户列表里面修改（客户列表展示了买家当前可用的积分，点击"详情"按钮，进行改动），如图 5.46 所示。

图 5.44　设置积分

图 5.45　设置积分活动

图 5.46　调整积分

　　第四步：店铺会员各项设置展示。店铺装修会员中心之后，让会员权益在消费端更突出的表达，有效沉淀忠诚客户和会员价值。如图 5.47 所示。

图 5.47　装修会员中心

3. 会员日专享价

（1）会员日专享价简介

会员日专享价仅对天猫开放，每个月可以择某一天为店铺的会员日，当日面向店铺拥有会员卡的客户设置商品促销价格为会员日专享价。

会员日专享价当日，会员成交价格不会被计算为天猫官方所有大型营销活动（双11、双12、年货节、618等所有活动）以及营销平台活动（除"淘清仓"外）中历史成交最低价。会员活动价格会计入为天猫官方大促活动中所校验的最低价格，不会被其他营销活动（春季新风尚、男人节、中秋节等，具体范围以活动招商规则为准）及营销平台活动计入审核。

会员成交价与会员活动价不同：例如，某店铺在店铺会员日对某一个商品设置会员价是200元，因为店铺还有优惠券、满减等活动，会员实际只花费180元就买到了该商品。那么，这个商品会员活动价是200元，会员成交价是180元。

（2）设置会员日专享价操作步骤

设置会员日专享价步骤如下所示：

第一步：登录营销中心进入单品宝功能，创建活动，填写会员日活动基本信息。

选择会员日活动名称，日常或者官方活动；具体信息、开始结束时间、优惠级别、优惠方式等根据店铺实际情况进行填写即可。如图5.48所示。

图5.48　设置活动基本名称

需要注意以下几点：

● 活动结束时间不能超过当日24：00，否则自动结束。

● 只能对店铺领卡会员进行设置专享价。如图 5.49 所示。

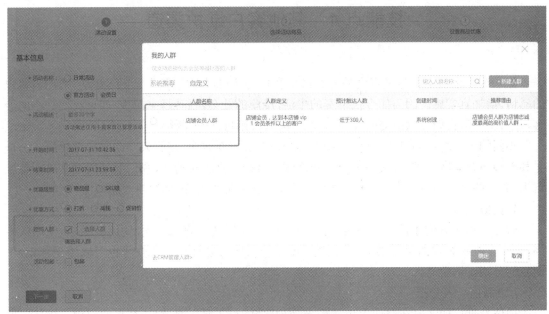

图 5.49　定向人群设置

● 目前单品宝只支持 1 个商品有 1 个促销活动在线。

第二步：活动设置确认后，即完成了创建，可在活动列表页进行"修改活动"，"设置优惠"，"添加商品"，"删除"，"暂停"的操作。如图 5.50 所示。

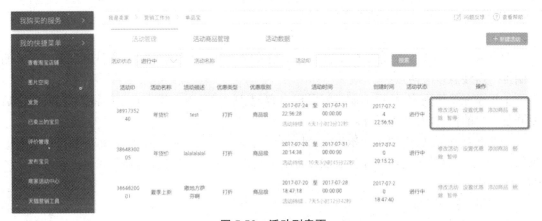

图 5.50　活动列表页

具体细节设置与单品宝设置一致，大家可参考单品宝设置。

技能点 4　其他客户维护渠道

除了客户运营平台为重点之外还有微信和群聊等可以跟客户进行实际互动,增加与客户的感情,增加真实感。因为如今快节奏的生活,冷漠的社会,温暖越来越少,如果我们真心的给客户送去关怀,在做生意中交朋友,同时对产品进行销售,一举两得。

不同的渠道有不同作用,微信和淘宝群聊适合发展新客户,在聊天互动中拉近感情。公众号和微淘适合老客户维护,关注公众号和微淘的客户都是忠实粉丝,我们要利用这些进行粉丝营销,做一些优惠力度较大的活动,例如上新或清仓半价优惠等,加深粉丝忠诚度。

1. 微信

微信是如今人们生活中必不可少的实时交流工具,其用户基数大,使用范围广,使用频率高,是卖家维护客户的重要渠道,而且微信除了个人账号之外还有公众号也可以用于营销,下面我们分别讲解学习。

（1）微信个人号推广

微信号推广即卖家在微信上申请账号,通过微信与客户交流,解决客户的问题。微信号推广注意以下几点:

①微信名字尽量简短、朗朗上口、容易记住。

②尽量的让客户主动来加。卖家可以在快捷短语里设置加微信的文案,例如店铺销售女装,客服的快捷短语是:学搭配,加微信 XXX。

③快递包裹里放宣传单页,包裹里的宣传单页最好不要排版印刷,让文案手写一段话,字迹不用太好看的,复印放在包裹里。宣传单字数在 200 字左右,尽量不要把好评返现写得太明显,可以配信封,这样客户主动加微信的概率会上升。

（2）朋友圈推广

朋友圈推广即卖家在朋友圈发送与产品相关的信息或者优惠活动,吸引用户来参加。朋友圈推广需注意以下两点:

①卖家在推送内容时,提前制定好发送内容、发送时间,内容需有自己的特点,在发送之后要回复用户的留言,与其进行互动。

②开展互动活动,例如零元抢拍,店铺每周都会上新,上新前一天在微信竞拍,可以发布一条状态,核心内容是买过店铺 4 件衣服以上的人可以参加零元抢拍,这种方式可以筛选出店铺的忠实客户。

（3）微信公众号推广

微信公众号推广即卖家为自己店铺申请一个公众号,在公众号平台上推送产品相关信息,从而获得流量。在微信公众还平台推广需注意以下几点:

①发布内容要符合目标人群的喜好,不要全部发送与产品相关的内容。

②可以不定期开展小活动,提高用户的活跃度。

③当客户通过平台询问问题之后,要询问客户满意度,将满意度作为业绩评估。

2. 群聊

群聊是淘宝开发的与客户实时互动的营销工具,既可以聊天又可以玩游戏,是无线时代的店铺粉丝运营首选,实现卖家与买家在手淘上实时交流,并且为卖家提供多种群内权益工具,内置群红包、抽奖、投票、拼团等多种营销工具,提高购买转化率,降低老客户召回成本。

在卖家中心左侧导航进入群聊后台页面可直接创建群,设置群组名称、群介绍(讲解群话题范围、特权、福利),以此吸引客户入群。淘宝店铺群可以设置无条件进群或消费金额入群等门槛。如图 5.51 所示。

设置群组成员人数并选择群类型　　　　在群组"管理"中设置消费者入
(商家群,达人群)完成创建　　　　　群门槛

图 5.51　设置群聊

3. 微淘

微淘是一种微博空间,可以推送图片、链接、软文等,只要关注店铺的消费者在微淘里就可以看到店铺每天更新的消息。

微淘功能强大,可以发送文字、软文、图片、图片组,也可以发布任务,还可以直播互动,其可以最大限度的挖掘粉丝经济。微淘首页可以查看微淘概况,分析粉丝细节。如图 5.52所示。

(1)微淘发帖我们要尽量利用文笔较好或有趣的软文,让粉丝在阅读中不知不觉的加深对店铺或产品的印象并增强好感。我们可以用九宫格图片组的形式展示商品,文字加上图片给粉丝与众不同的视觉体验。如图 5.53 所示,新风尚店铺发布的微淘,软文搭配产品图片给客户留下良好的印象。

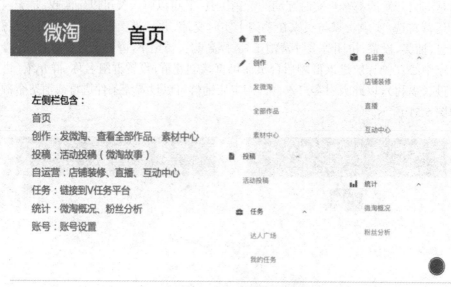

图 5.52　微淘功能

图 5.53　新风尚发布微淘

（2）视频工具可以给粉丝最生动的购物体验，在视频里可以看到买家秀等服饰试穿情况，买家秀是所有营销工具中最具真实性的，因为买家秀是真实客户的使用展示，可以最大限度打消客户的疑虑,提高下单速度和转化率。如图 5.54 所示。

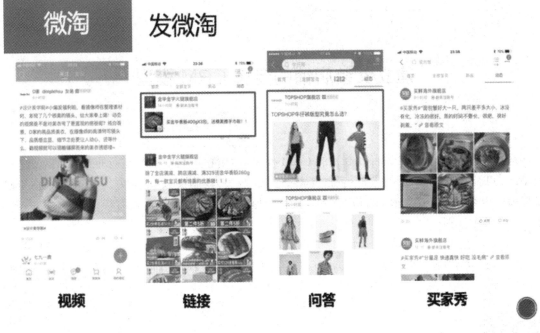

视频　　　　链接　　　　问答　　　　买家秀

图 5.54　视频工具等

(3)粉丝互动工具包括福利、投票、盖楼,让粉丝在娱乐中提高对产品的了解和信任度,加深对店铺文化的了解,简单有趣又有内涵。如图 5.55 所示。

福利　　　　　投票　　　　　盖楼

图 5.55　粉丝互动工具

建立女装店铺的专属 CRM 模型

（1）简介

运用客户平台建立女装店铺专属的 CRM 模型,运用精准客户模型进行推广营销,在建立模型之前我们要明确店铺的人群特征、年龄、地域、购买力、购买频率、爱好等细节,因为 CRM 模型就是以客户为中心,进行的精准营销,只有定位精准我们才能以此设置模型。

（2）操作步骤

第一步:在淘宝客户运营平台客户分群模块中,把与店铺和产品发生过关系的客户根据不同的行为建立不同的客户模型。然后可以根据不同的客户模型开展不同的营销活动。如图 5.56 所示。

图 5.56　客户分群

第二步:新建模型,右上角点击新建人群,跳转到建立客户模型界面,如图 5.57 所示。

第三步:选择标签,可以选择一个系统默认的推荐人群,也可以自己重新创建一个人群。我们以女装为例建立一个维护老客户人群。

第四步:性别以女性为主,回购周期选择近期一年到两年,客单价大于 100,我们维护客户以高购买力人群为主,增加利润,而且高购买能力人群相对易于推广。如图 5.58 所示。

第五步:以高购买力客户为主,成功付款金额选择大于 100,成功交易次数大于 2 次,购买频率越高的人群,购物意向越强。如图 5.59 所示。

付款次数大于 2 次,首次下单时间一年到两年之间,根据每个店铺具体情况而定。如图 5.60 所示。老客户较多的店铺可以提高客单价、付款金额等提高客户质量从而减少人数,新店铺可以适当放宽条件增加圈定的人数。

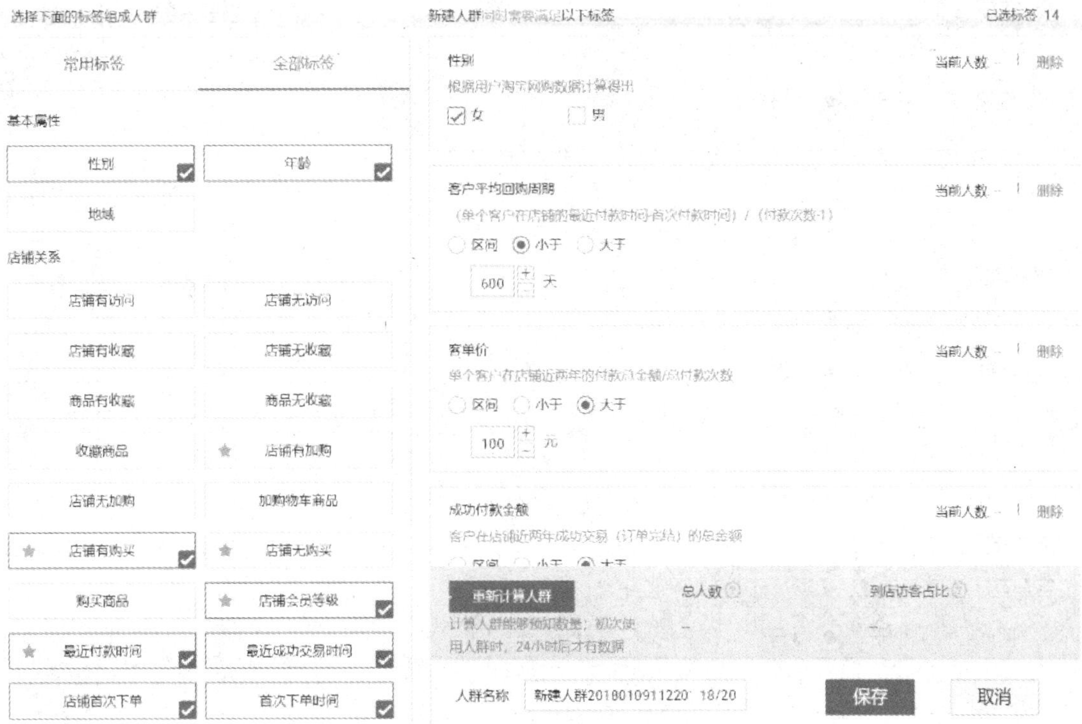

选择下面的标签组成人群　　　　　　　　　　　新建人群同时需要满足以下标签　　　　　　　　　已选标签 14

常用标签　　　　　　全部标签

性别
根据用户淘宝网购数据计算得出　　　　　　　　当前人数 --　｜　删除

☑ 女　　　　☐ 男

基本属性

性别 ☑　　　年龄 ☑

地域

客户平均回购周期　　　　　　　　　　　　　　当前人数 --　｜　删除
（单个客户在店铺的最近付款时间-首次付款时间）／（付款次数-1）

店铺关系

○ 区间　⦿ 小于　○ 大于

店铺有访问　　　　店铺无访问

600 ± 天

店铺有收藏　　　　店铺无收藏

客单价　　　　　　　　　　　　　　　　　　　当前人数 --　｜　删除
单个客户在店铺近两年的付款总金额/总付款次数

商品有收藏　　　　商品无收藏

○ 区间　○ 小于　⦿ 大于

收藏商品　　　　★ 店铺有加购

100 ± 元

店铺无加购　　　　加购物车商品

成功付款金额　　　　　　　　　　　　　　　　当前人数 --　｜　删除
客户在店铺近两年成功交易（订单完成）的总金额

★ 店铺有购买 ☑　　★ 店铺无购买

购买商品　　　　★ 店铺会员等级 ☑

重新计算人群　　　总人数 ⦵　　　　到店访客占比 ⦵
计算人群能够做的数量；初次使
用人群时，24小时后才有数据

★ 最近付款时间 ☑　　最近成功交易时间 ☑

店铺首次下单 ☑　　首次下单时间 ☑

人群名称　新建人群2018010911220 18/20　　　**保存**　　取消

图 5.57　建立客户模型界面

性别　　　　　　　　　　　　　　　　　　　　当前人数 --　｜　删除
根据用户淘宝网购数据计算得出

☑ 女　　　　☐ 男

客户平均回购周期　　　　　　　　　　　　　　当前人数 --　｜　删除

（单个客户在店铺的最近付款时间-首次付款时间）／（付款次数-1）

○ 区间　⦿ 小于　○ 大于

600 ± 天

客单价　　　　　　　　　　　　　　　　　　　当前人数 --　｜　删除
单个客户在店铺近两年的付款总金额/总付款次数

○ 区间　○ 小于　⦿ 大于

100 ± 元

图 5.58　设置信息

成功付款金额

客户在店铺近两年成功交易（订单完结）的总金额

◯ 区间　◯ 小于　◉ 大于

[100] [+][−] 元

当前人数: -- | 删除

付款金额

客户在店铺近两年付款的总金额

◯ 区间　◯ 小于　◉ 大于

[100] [+][−] 元

当前人数: -- | 删除

成功交易次数

客户在店铺近两年成功交易（订单完结）的笔数

◯ 区间　◯ 小于　◉ 大于

[2] [+][−] 次

当前人数: -- | 删除

图 5.59　设置信息

付款次数

客户在店铺近两年付款的笔数

◯ 区间　◯ 小于　◉ 大于

[2] [+][−] 次

当前人数: -- | 删除

首次下单时间

客户在本店的首次下单时间范围

[2016-01-01　-　2018-02-01] ⊗

当前人数: -- | 删除

店铺首次下单

选定自然日内，在店铺的首次下单的消费者

[604] [+][−]

当前人数: -- | 删除

图 5.60　设置信息

第六步：店铺会员等级根据购买力为标准，选择级别较高的客户 VIP1 及以上。如图 5.61 所示。

店铺会员等级　　　　　　　　　　　　　　　　　　　　　　　当前人数：—　｜　删除

基于ECRM会员体系的会员-店铺关系等级得出

☐ 普通客户　　☑ VIP1　　☑ VIP2　　☑ VIP3　　☑ VIP4

图 5.61　选择店铺会员等级

第七步：选择 1 年以内有购买行为的客户；年龄根据店铺产品的定位人群，我们是偏成熟的女装，所以年龄段位选择 25 岁～ 39 岁，这部分女性工作收入稳定，购买能力强，购买频率高。如图 5.62 所示。

店铺有购买　　　　　　　　　　　　　　　　　　　　　　　当前人数：—　｜　删除

选定自然日内，购买过本店商品的消费者（购买以支付成功为准，包括支付后退款）。

365　⊞

年龄　　　　　　　　　　　　　　　　　　　　　　　　　当前人数：—　｜　删除

根据买家最近1年在淘宝网的行为数据计算预测得出

☐ 不足18岁　　☐ 18-24岁　　☑ 25-29岁　　☑ 30-34岁　　☑ 35-39岁

☐ 40-49岁　　☐ 大于50岁

图 5.62　设置信息

假设店铺希望对于那些已经很久没在店铺有过购买，但是最近又有来过店铺的这群客户进行影响，将他们挽回。可以利用三个条件圈选出我们需要的人群：店铺历史上 720 天有过购买、最近 90 天没有购买、最近 30 天有加购，这三个条件组成了我们想要的人群：重点流失人群。如图 5.63 所示。

还可以自定义许多不同类型人群，比如上新拉新，主要以有浏览、收藏、加购行为的客户为主。运用生意参谋工具具体人群具体分析，以数据为准。

第八步：人群保存后，这个人群会出现在自定义人群列表里，如图 5.64 所示。选中"确定"，就完成了人群创建和选择的过程。

新建人群　　　　　　　　　　　　　　　　　　　　　　　　×

已选标签　　　　　　　　　　　店铺关系　基本属性　购买偏好　自定义　其他

| － | 店铺无购买: 近90天无... | × | 并且 |

| － | 店铺有加购: 近30天有... | × | 并且 |

| － | 店铺有购买: 近720天... | × |

□ 成功交易次数
客户在店铺近两年成功交易（订单完结）的笔数
区间 ∨ 　1 ＋ － 10000 次

□ 成功付款金额
客户在店铺近两年成功交易（订单完结）的总金额
区间 ∨ 　1 ＋ － 100000000 元

计算占比

总人数　　　　　　到店访客占比

☑ 店铺有购买
选定自然日内，购买过本店商品的消费者（购买以支付成功为准，包括支付后退款）。
720

☑ 店铺无购买
选定自然日内，没有购买过本店商品的消费者（购买以支付成功为准，包括支付后退款）。
90

人群名称
重点流失客户　　　　　　　　6/20

□ 购买商品
客户近720天内购买过下列商品中的任意一个（购买以支付成功为准，包括支付后退款）

保存　　取消

图 5.63　圈定人群

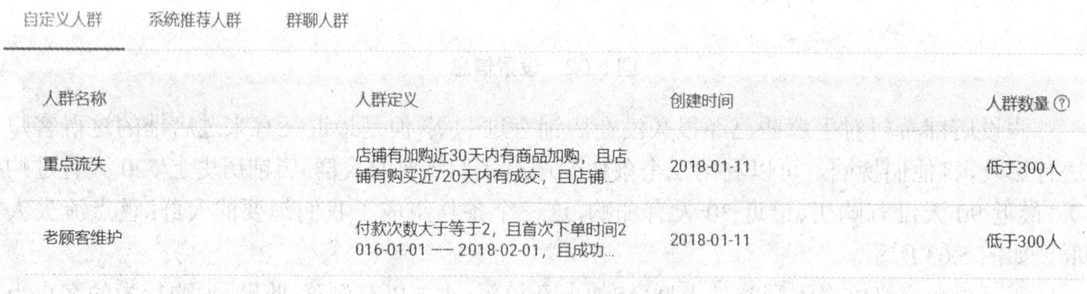

自定义人群　　系统推荐人群　　群聊人群

人群名称	人群定义	创建时间	人群数量 ⑦
重点流失	店铺有加购近30天内有商品加购，且店铺有购买近720天内有成交，且店铺	2018-01-11	低于300人
老顾客维护	付款次数大于等于2，且首次下单时间2016-01-01 —— 2018-02-01，且成功...	2018-01-11	低于300人

图 5.64　人群列表

任 务 总 结

　　本章主要介绍了运营店铺过程中客户关系管理，通过本章的学习可以了解客户管理的方式，以建立专属 CRM 模型应用来熟悉客户关系管理的人群模型建立，以步骤讲解的方式掌握客户的管理，学习之后可以对店铺不同的客户进行不同的归类管理。

粉丝	fans	模型	model
人群	crowd	积分	integral
标签	label	老客户	old customer
会员	member	用户黏度	user viscosity

一、选择题

1. CRM 的定义（　　）。

A. 客户模型　　　　　　　　　　B. 卖家模型

C. 消费模型　　　　　　　　　　D. 营销模型

2. 不属于 CRM 营销渠道的是（　　）。

A. 短信　　　　　　　　　　　　B. 定向海报

C. 优惠券　　　　　　　　　　　D. 直通车

3. 下面关于店铺 VIP 描述不正确的是（　　）。

A. 按消费金额分级　　　　　　　B. 按消费次数分级

C. 按消费时间分级　　　　　　　D. 等级确认交易后分级

4. 会员专享日价格计入（　　）。

A. 历史最低价　　　　　　　　　B. S 级活动价

C. 历史最高价

5. 不属淘宝 CRM 模型维度的是（　　）。

A. 年龄　　　　　　　　　　　　B. 消费金额

C. 消费次数　　　　　　　　　　D. 职业

二、上机题

1. 如果你要开自己的淘宝店铺，根据自己店铺商品属性建立 CRM 模型。

第六章　新媒体

通过对拼多多主图的制作,了解新媒体的概念,熟悉拼多多的后台管理,掌握拼多多的入驻与分享赚钱的方法,具有利用新媒体运营的能力。在任务实现过程中:

● 了解新媒体的概念。
● 熟悉拼多多的后台管理。
● 掌握拼多多的入驻与分享赚钱的方法。
● 具有利用新媒体运营的能力。

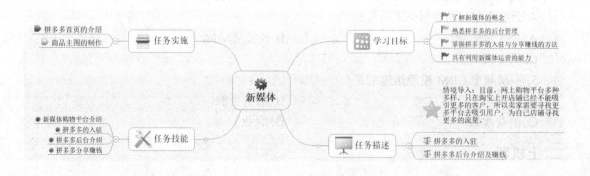

【情境导入】

目前,网上购物平台多种多样,只在淘宝上开店铺已经不能吸引更多的客户,所以卖家需要寻找更多平台去吸引用户,为自己店铺寻找更多的流量。因此,现在很多的商家入驻了新媒体平台,在这之前我们需要了解新媒体平台都有哪些,它们相比于淘宝有什么好处以及如何入驻新媒体平台。本章节主要通过新媒体平台的介绍、拼多多的入驻及其后台等知识点的介绍,学习如何入驻新媒体平台。

技能点 1　新媒体购物平台介绍

1. 新媒体简介

媒体主要从两方面进行理解,即时间与技术。时间上更靠近现在的可以称为"新媒体",例如网络相较于电视是新媒体;技术上,价格更低廉、应用更广泛的技术媒体可以称为"新媒体"。

2. 新媒体购物平台

新媒体购物平台即新出现的网络购物平台,下面我们来了解几个新出现的购物平台。

（1）苏宁易购

苏宁易购是综合网上购物平台,其主要经营传统家电、3C 电器等产品,其平台产品价格更超值、送货更准时,并且其具有线下实体店,可在网上购买,线下提货,并且其产品全国联保。其首页如图 6.1 所示。

图 6.1　苏宁易购首页

（2）唯品会

唯品会平台每天 10 点上新，精选 100+ 个品牌授权特卖，100% 正品保证，其平台产品大牌 1 折起，限量抢购，支持货到付款、7 天无条件退货，其首页如图 6.2 所示。

图 6.2　唯品会首页

（3）拼多多

拼多多作为新电商开创者，通过"社交 + 电商"的模式，让更多的用户带着乐趣分享实惠，享受全新的共享式购物体验。其首页如图 6.3 所示。

图 6.3　拼多多首页

（4）蘑菇街

蘑菇街是美丽联合集团旗下定位于年轻女性用户的时尚媒体与时尚消费类 App，核心用户人群为 18—23 岁年轻女性用户，主要为女性提供服饰、箱包等产品。其首页如图 6.4 所示。

图 6.4　蘑菇街首页

（5）网易考拉海购

网易考拉海购，以跨境业务为主的购物平台，其内部为全球进口商品，网易自营正品保障，承诺国内退货售后无忧。为客户提供愉快的海淘购物体验。其首页如图 6.5 所示

图 6.5　网易考拉海购首页

技能点 2　拼多多的入驻

1. 简介

拼多多是一种通过拼团方式进行购买的平台,将传统电商"聚划算"的概念嫁接于微信平台上,利用其广泛的用户资源,开发出新型高频的消费模式。在拼多多界面,用户通过发起和朋友、家人、邻居等人的拼团,以更低的价格拼团购买商品。

2. 拼多多入驻步骤

拼多多入驻步骤如下所示:

第一步:打开拼多多首页。(http://www.pinduoduo.com/)如图 6.6 所示。

首页 | 商家入驻 | 热点资讯 | 社会招聘 | 校园招聘 | 下载App | 帮助中心 | 廉正举报

图 6.6　拼多多首页

第二步:在拼多多首页找到商家入驻,如图 6.7 所示。

图 6.7　拼多多首页

第三步：点击"我要入驻"，如图6.8所示。填写的手机号为入驻人手机号码或管理人手机号码，将拥有该店铺的最高管理权限，请谨慎填写。

图6.8　填写手机号

第四步：用户成功登录后，进入入驻选择页面，商家根据自身需要选择入驻的类型。不同入口需要上传的资质不同。如图6.9所示，店铺类型分为个人店铺、企业店铺，其中企业店铺分为专营店、旗舰店、专卖店、普通店。下面分别讲解个人店铺与企业店铺入驻步骤。

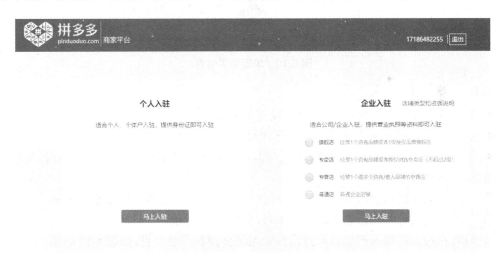

图6.9　选择入驻

（1）个人店铺入驻

第一步：点击"马上入驻"，跳转至个人入驻资质填写页面。如图6.10所示。

①店铺入驻人基本信息填写：

● 入驻人姓名处请填写真实有效且与上传身份证照片一致的姓名；
● 入驻人邮箱请填写常用邮箱，便于查看开店进度及接收相关资料；
● 入驻人手机号默认为登录时接收验证码的手机号；
● 身份证号处请填写与上传身份证照片一致的证件号，如果证件号有 X，请大写状态下填写；

● 基本信息填写错误将会被驳回。

图 6.10　填写相关信息

②上传资质文件时,需要注意:

● 身份证正面为有人脸照片的一面,反面为国徽面;

● 身份证有效期根据身份证背面(国徽面)准确填写,否则将被驳回;

● 手持身份证半身照片的要求:免冠(建议素颜)、五官可见、证件无遮挡、证件文字信息清晰可见,否则将被驳回。

第二步:核对注册信息,入驻人姓名、身份证号码、证件有效期。如图 6.11 所示。

第三步:填写店铺基本信息中的主营类目,如图 6.12 所示。

第四步:在搜索框输入产品名称点击搜索系统会推荐产品类目,如图 6.13 所示。

第五步:填写店铺名称以及设置登录密码,如图 6.14 所示。

第六步:填写第三方店铺链接有助于拼多多入驻成功,如图 6.15 所示。

(2)企业店铺入驻

第一步:选择企业入驻以及店铺类型,旗舰店、专卖店、专营店、普通店中选择一个,如图 6.16 所示。

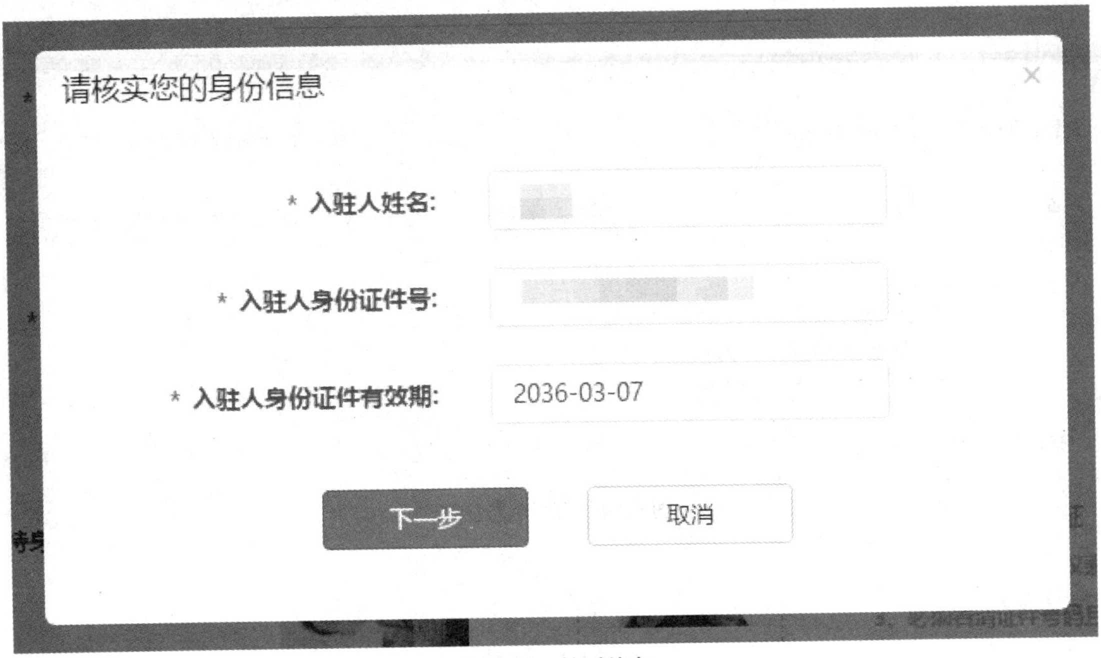

图 6.11　核对信息

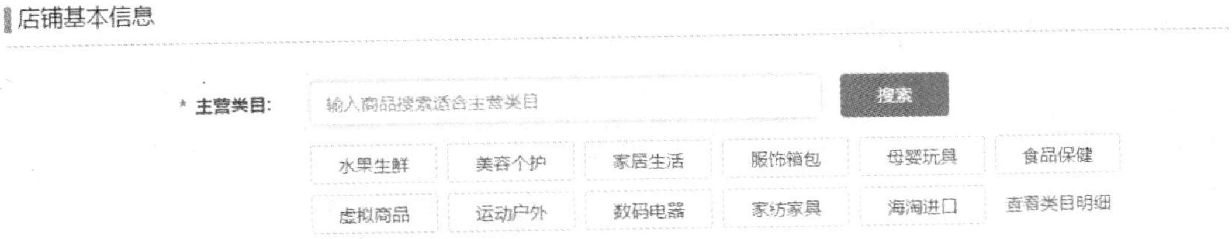

图 6.12　填写类目

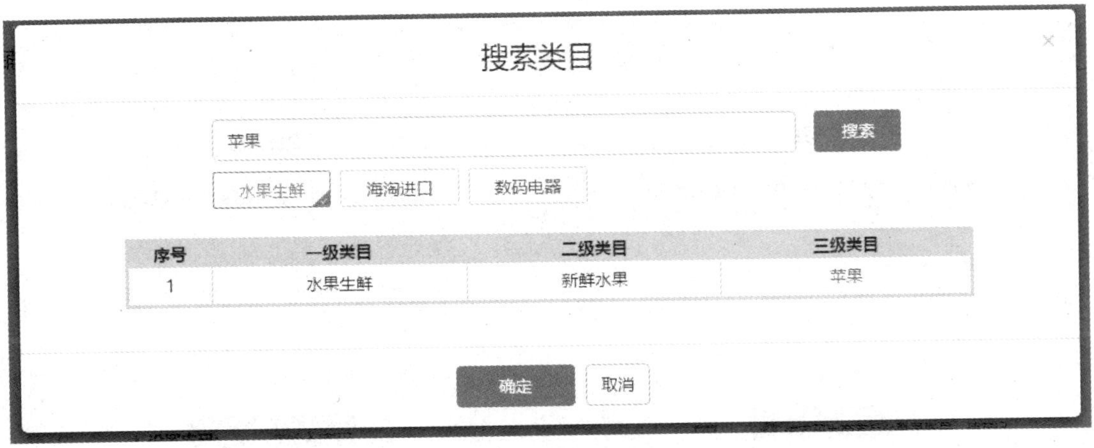

图 6.13　搜索类目

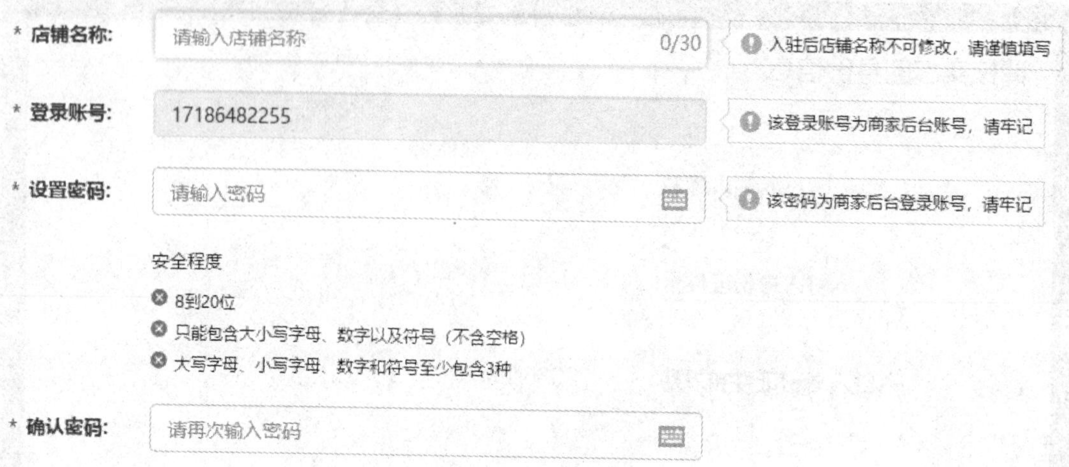

* 店铺名称: 请输入店铺名称   0/30   ⓘ 入驻后店铺名称不可修改,请谨慎填写

* 登录账号: 17186482255   ⓘ 该登录账号为商家后台账号,请牢记

* 设置密码: 请输入密码   ⌨   ⓘ 该密码为商家后台登录账号,请牢记

安全程度
⊗ 8到20位
⊗ 只能包含大小写字母、数字以及符号 (不含空格)
⊗ 大写字母、小写字母、数字和符号至少包含3种

* 确认密码: 请再次输入密码   ⌨

图 6.14   填写名称密码

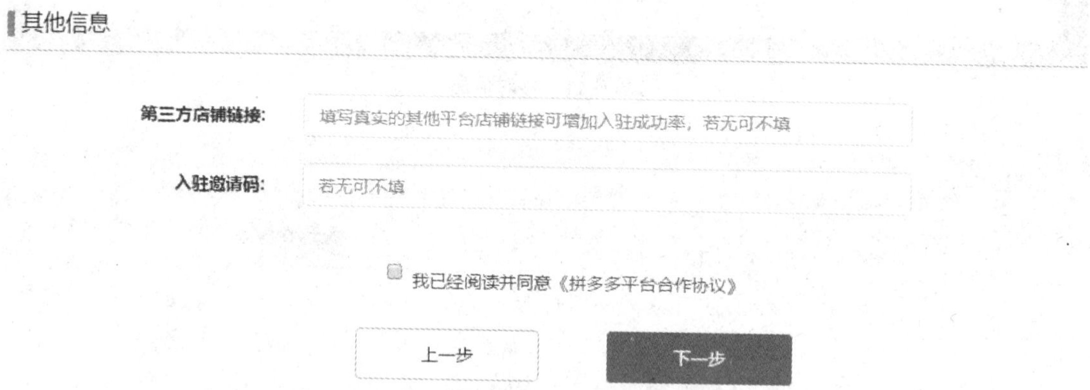

▌其他信息

第三方店铺链接: 填写真实的其他平台店铺链接可增加入驻成功率,若无可不填

入驻邀请码: 若无可不填

☑ 我已经阅读并同意《拼多多平台合作协议》

[上一步]   [下一步]

图 6.15   填写第三方店铺链接

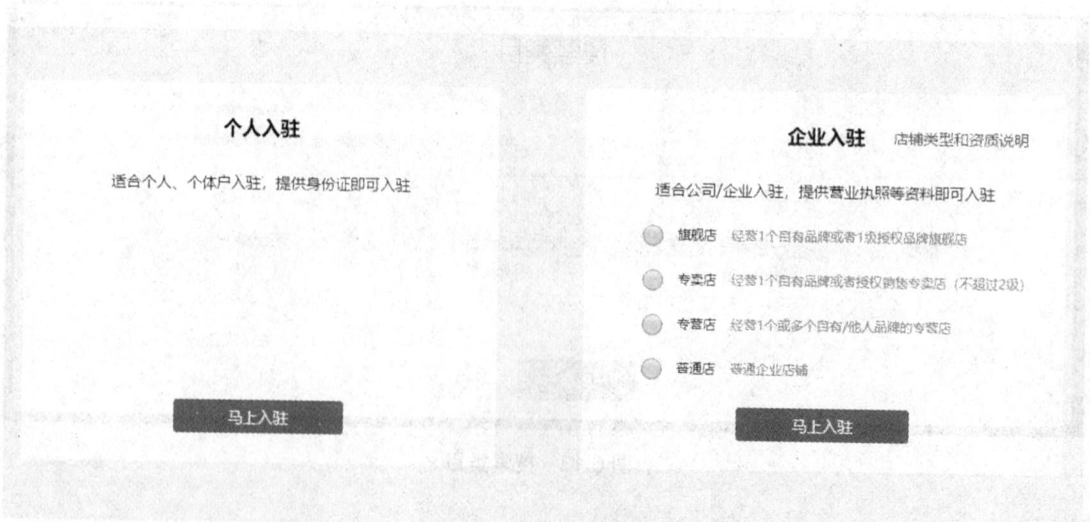

个人入驻   **企业入驻**   店铺类型和资质说明

适合个人、个体户入驻,提供身份证即可入驻   适合公司/企业入驻,提供营业执照等资料即可入驻

○ 旗舰店 经营1个自有品牌或者1次授权品牌旗舰店

○ 专卖店 经营1个自有品牌或授权销售专卖店 (不超过2级)

○ 专营店 经营1个或多个自有/他人品牌的专营店

○ 普通店 普通企业店铺

[马上入驻]   [马上入驻]

图 6.16   选择店铺类型

第二步：填写店铺管理人姓名、店铺管理人邮箱、法定代表人手机号码、法定代表人身份证正反面，如图 6.17 所示。

图 6.17　填写基本信息

第三步：核实身份信息、主营类目、店铺名称、设置密码与个人店铺入驻相同。

第四步：填写入驻企业信息，是否是国内企业证件照、是否三证合一、公司名称、公司经营地址、统一社会信用代码、营业执照、开户许可证。如图 6.18 所示。

第五步：企业入驻资质填写。开设企业店铺需要的基本资料及要求见下表；（如果已经办理三证合一则不需要提供税务登记证和组织机构代码证）。如图 6.19 所示。

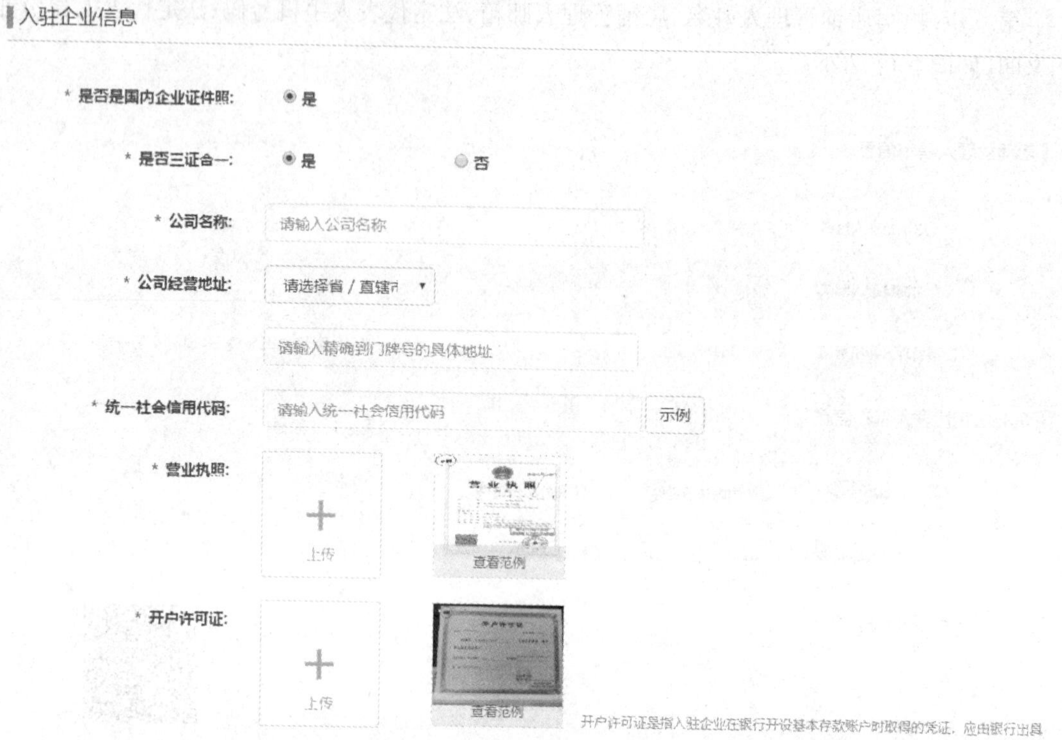

▌入驻企业信息

图 6.18　填写入驻企业信息

序号	证件名称	要求
1	营业执照	1.确保申请入驻的企业不在《经营异常名录》中且所销售的商品在其经营范围内 2.复印件或扫描件需要加盖公司鲜章 3.距离有效期截止时间应要大于3个月 4.证件要清晰，图片不要倒置
3	税务登记证	1.国税、地税均可 2.复印件或扫描件需要加盖公司鲜章 3.距离有效期截止时间应要大于3个月 4.证件要清晰，图片不要倒置
4	组织机构代码证	1.复印件或扫描件需要加盖公司鲜章 2.距离有效期截止时间应要大于3个月 3.证件要清晰，图片不要倒置
5	银行开户许可证	1.复印件或扫描件需要加盖公司鲜章 2.距离有效期截止时间应要大于3个月 3.证件要清晰，图片不要倒置
6	企业法定代表人身份证	1.复印件或扫描件需要加盖公司鲜章 2.距离有效期截止时间应要大于3个月 3.证件要清晰，图片不要倒置

图 6.19　企业入驻资质填写

商家签约后，系统将自动创建一个店铺，并以短信形式通知商家。商家可登陆招商平台查看店铺的账号与初始密码，并可点击链接跳转至拼多多商家管理后台（MMS 系统）登录。

技能点 3　拼多多后台介绍

1. 拼多多后台简介

商家对店铺的日常管理需要登录拼多多商家后台,例如发货管理、商品管理、店铺营销、订单管理、售后服务等这些都需要在商家后台进行。拼多多后台展示,登录拼多多商家后台,(mms.pinduoduo.com),如图 6.20 所示。

图 6.20　拼多多后台界面

2. 拼多多后台管理

拼多多后台管理主要包括发货管理、商品管理、店铺营销、订单管理、售后服务四个方面,下面分别进行讲解。

（1）发货管理

发货管理是对产品订单进行发货,保证发货的及时性、准确性。其包含订单查询、批量发货、运费模板三个部分。

①订单查询根据订单信息可以查询订单。可以通过订单编号、快递单号、商品 ID、收货手

机等进行查询,查询订单的状态,如果发现订单有即将延迟发货情况,可以及时处理。 订单查询如图 6.21 所示。

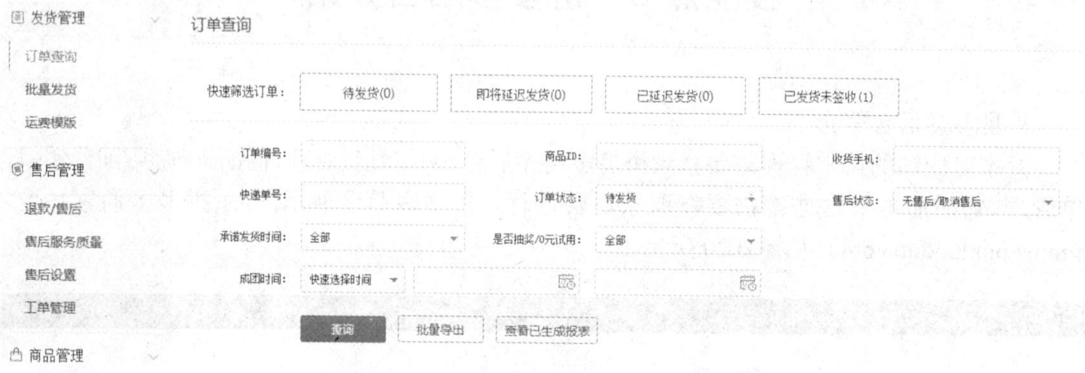

图 6.21　订单查询

②批量发货分为单条发货与批量导入。

单条导入如图 6.22 所示。顾客下单的时候会自动生成订单号,然后把快递单号填写上去,再选择一下快递公司然后确定导入就发货成功了。注意:如果快递单号输入错误必须在 24 小时内修改,超过 24 小时将无法修改。

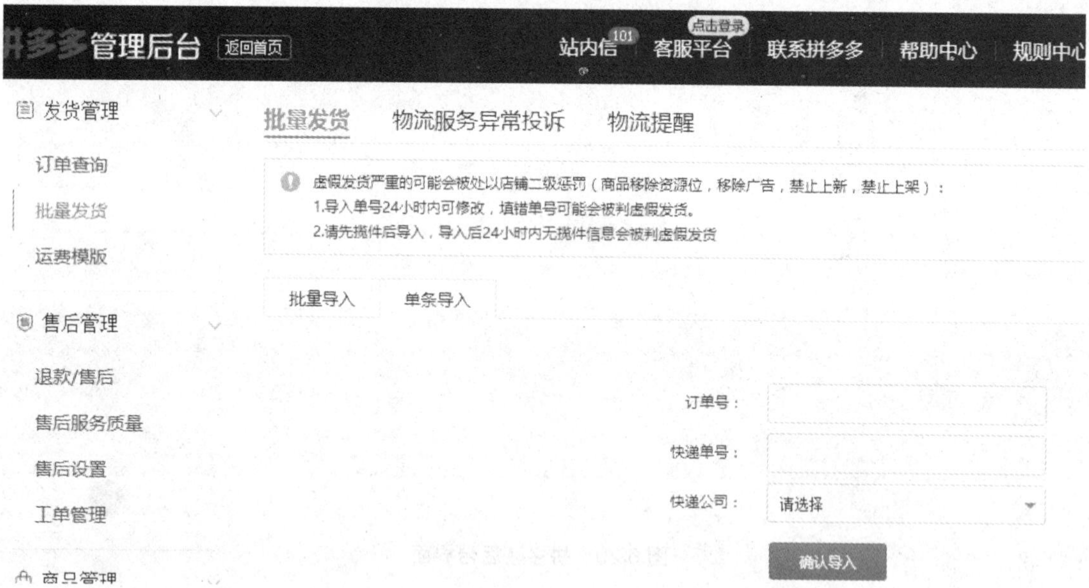

图 6.22　单条导入

批量发货如图 6.23 所示。先下载发货模板,按照模板所要求的信息填写之后保存,通过导入批量发货文件,完成批量发货。

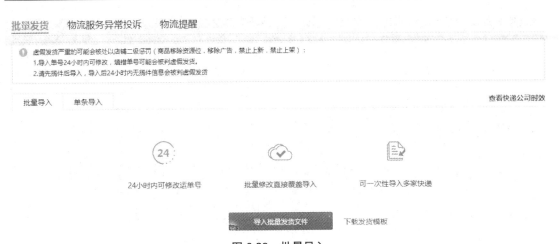

批量发货
物流服务异常投诉
物流提醒
虚假发货严重的可能会被处以店铺二级惩罚（商品移除资源位，移除广告，禁止上新，禁止上架）：
1.导入单号24小时内可修改，填错单号可能会被判虚假发货。
2.请先揽件后导入，导入后24小时内无揽件信息会被判虚假发货
批量导入
单条导入
查看快递公司时效
24
24小时内可修改运单号
批量修改直接覆盖导入
可一次性导入多家快递
导入批量发货文件
下载发货模板

图 6.23　批量导入

③运费模板设置

第一步：进入运费模板，点击新建运费模板，如图 6.24 所示。

拼多多管理后台
返回首页
站内信
客服平台
联系拼多多
帮助中心
规则中心
商家培训
商家社区
发货管理
订单查询
批量发货
运费模版
售后管理
退款/售后
售后服务质量
售后设置
工单管理
运费模版
新建运费模版
模板名称
计费方式
最后编辑时间
操作

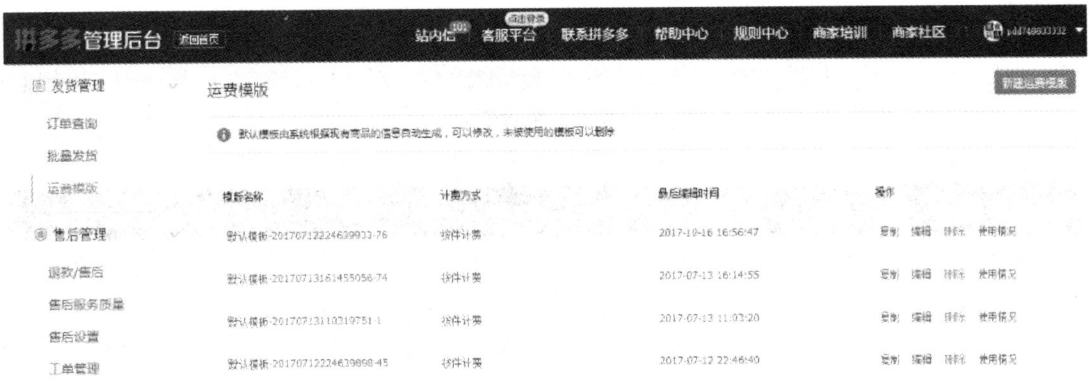

图 6.24　新建运费模板

第二步：编辑模板，选择按件数计费或按重量计费、包邮配送省份，如图 6.25 所示。

建议用第三方插件对拼多多后台进行订单的下载、打印、电子面单发货，这样不容易出错，方便发货，因为拼多多订单量大的时候可以达到一天几千单到几万单，人为操作可能会出错。

（2）售后管理

售后管理是在产品卖出后，对客户遇到的问题进行解答以及解决退款、退货等问题。其包含退款 / 售后、售后服务质量、售后设置、工单管理。

①退款 / 售后可以进行退货退款、仅退款的处理。如图 6.26 所示。点击后可以看到订单的提示，在订单右侧找到并点击“处理”按钮，进行处理此订单的售后退款操作。

图 6.25　编辑模板

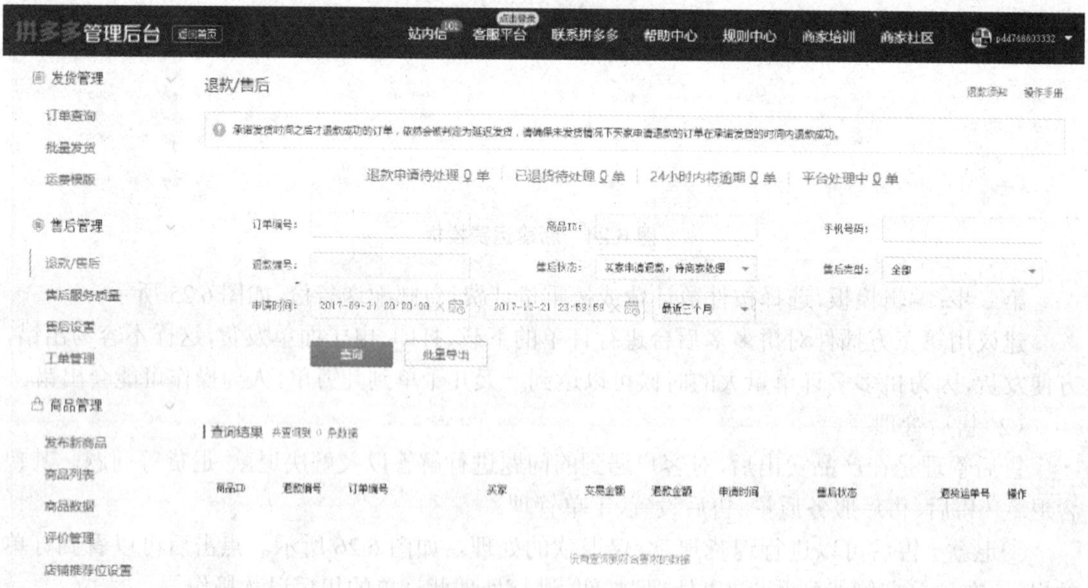

图 6.26　退款／售后

②售后的服务质量,近 30 天退款率、介入率及纠纷退款率将成为平台考核商家服务质量的重要指标,直接影响到商家参加平台相关活动:上首页、上海淘、上专题、上推荐、上推文等。如图 6.27 所示。

图 6.27 售后服务质量

③售后设置,需要添加售后地址,填写退货收件人、地址、电话等,如图 6.28 所示。

图 6.28 售后设置

(3)商品管理

商品管理是通过对产品组合、促销活动等方面进行分析,保证在最佳时间向顾客提供商品。其包含发布新商品、商品列表、商品数据、评价管理、店铺推荐位设置。

①发布新品

第一步：先选择产品类目，发布产品信息如图 6.29 所示。

图 6.29　产品类目

第二步：填写商品关键信息是否是二手商品、商品类型、是否预售、发货时间承诺、7 天无理由退换货，如图 6.30 所示。

图 6.30　商品关键信息

第三步：商品详细信息填写商品标题、短标题、商品市场价、运费模板、物流重量、商品描述，如图 6.31 所示。

| 商品详情信息

商品标题：　　　　　　　　　　　　　　　　　　　　　　　0/60

　　　　商品标题组成：商品描述+规格　新规则 ❓

短标题(选填)：　短标题将在部分活动中生效，选填　　　0/20　查看示例

　　　　字数限制：4~20

商品市场价：　0　　　　　　　　　元

　　　　市场价应高于下方商品规格和库存中的最大单买价格

运费模板：　请选择运费模板　　　　　▾　新建运费模板　刷新　如何设置合适的运费模板

物流重量(含包装)：　请输入商品重量　　Kg

商品简述：　建议300字以内

　　　　a. 海淘商品需添加【温馨提示】海外商品因为生产工厂、产品批次、产地等不同，可能会有不同的包装版本，请多多份知悉！　　0/500

　　　　b. 字数限制：20~500

图 6.31　商品详细信息

第四步：上传产品图片产品主图、商品轮播图、商品详情图，如图 6.32 所示。从图中可以看到各个图片的要求，按要求上传。

图 6.32　商品图

第五步：食品类目需要填写食品安全信息保质期、生产日期、生产许可证编号、产品标准

号,如图 6.33 所示。

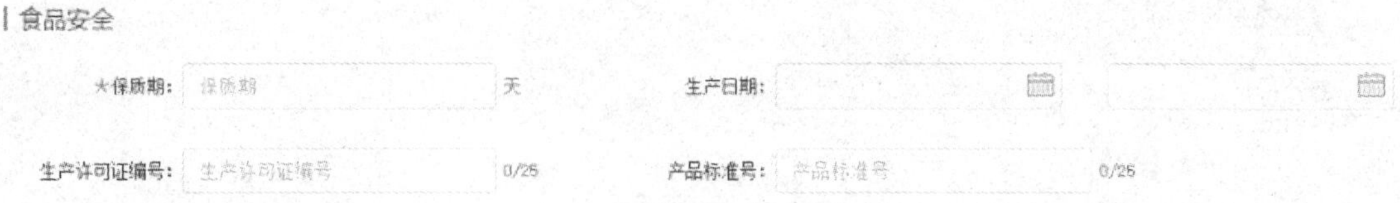

| 食品安全

图 6.33　食品类目填写

第六步:填写商品规格与库存,选择商品规格、设置库存、团购价、单买价、SKU 图,如图
6.34 所示。

| 商品规格与库存

图 6.34　商品规格与库存

第七步:填写团购信息,团购人数、单次限量、团购限量,如图 6.35 所示。

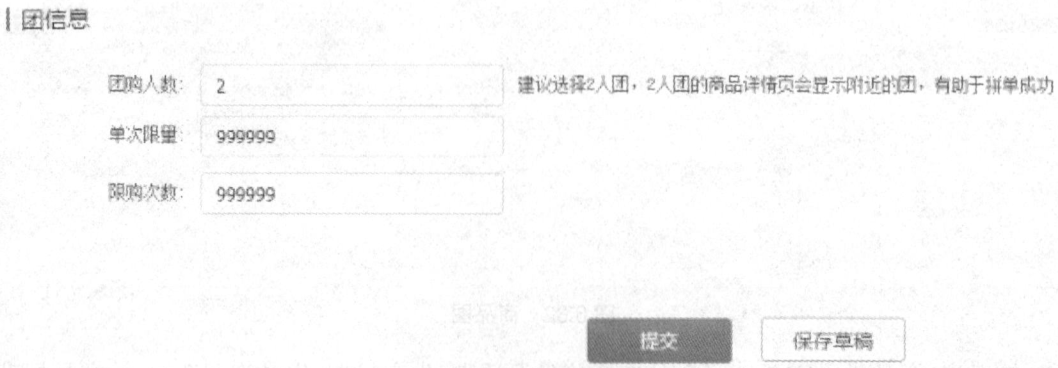

| 团信息

图 6.35　填写团购信息

②商品列表,如图 6.36 所示,可以看到店铺所有的商品,并且可以查看商品的名称、团购价、单购价、近二十天商品评价等,可以对店铺产品的销售情况有一个了解。

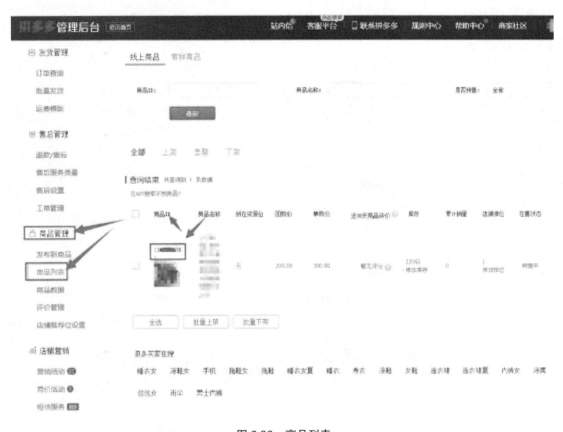

图 6.36　商品列表

③商品数据展示的是产品的交易信息,如图 6.37 所示,待发货订单、即将延迟发货订单等,通过查看商品数据可以提醒商家发货。

④评价管理可以查看顾客给出的评价,如果其中出现差评,可以根据评论去优化店铺以及产品方面的不足。

⑤店铺推荐位可以让顾客看到店铺推荐的其他款式,推荐位展示如图 6.38 所示,可以看到"店铺推荐"。店铺推荐位相当于关联销售,能够提高商品展示的机会,让更多的顾客看到,合理运用这 3 个位置能给店铺带来更多的订单,对产品风格、样式、搭配等运用引导顾客购买转化。

（1）店铺营销

店铺营销是通过开展各种活动来提高产品的销量,提升转化率。其包含营销活动、竞价活动、短信服务。

①营销活动分为频道活动、促销活动。

频道活动包含爱逛街频道商品报名通道、新品推荐、9.9 特卖专区活动报名、数码电器周年庆分会场报名入口。如图 6.39 所示。

促销活动包含限量折扣、限时折扣根据类目会设置不同的活动,如图 6.40 所示。

拼多多 管理后台　　　　　　　　　站内信　客服平台　联系拼多多

发货管理

订单查询

批量发货

运费模版

售后管理

退款/售后

售后服务质量

售后设置

工单管理

您好，商家物流服务导诉单兑换（延迟发货）扣款通知短信将自6月30日起停止发送，此短信即将停止！

张三食品官方旗舰店　　　售后服务指标ⓘ｜店铺DSR指标

主营类目：食品保健　　　　近30天纠纷退款率　近30天纠纷退货

店铺二维码 囎　　　　　本店 暂无　　　本店 暂无

待发货订单

3 单　　将延迟发货ⓘ　已延迟发货ⓘ　物流异常订单

0 单　　0 单　　0 单

图 6.37　商品列表

皓智

皓智配饰专营店
商品数量:19 已拼:2.3万

🏠 进店逛逛

店铺推荐

【尽孝不贵，老妈
特惠】送妈妈送阿
¥11.9　　已拼9546件

【买就送眼镜袋+眼
镜布】新款眼镜女
¥2.9　　已拼319件

【加绒加厚 尽孝不
贵！】中老年毛线
¥9.45　　已拼209件

🏠 首页　　♡ 收藏　　☰ 客服

¥20.8
单独购买

¥13.9
一键拼单

图 6.38　商品展示

图 6.39　书码商品等入口

图 6.40　选择商品

②竞价活动包含首页商品竞价、9.9特卖竞价、爱逛街竞价等活动,可以从中看到店铺商品正在参加哪一个活动。如图6.41所示。

图6.41　竞价活动

②短信服务可以提醒付款、活动营销、提醒付款等,如图6.42所示。

图6.42　短信设置

技能点 4　拼多多分享赚钱

在拼多多购买产品的顾客体验购物过程满意的情况下就会主动的去分享给身边的朋友，而且还能赚到佣金，拼多多的客户群体就会越来越庞大。分享拼多多的产品需要在拼多多中的分享赚钱（分享赚钱也被称为多多进宝、网址为 http：//jinbao.pinduoduo.com）注册一个账号。

1. 分享方式

分享方式根据对应人数的多少分为单品推广和主题活动推广，并且通过分享的链接被其他人购买即可以获取佣金。

（1）单品分享

单品分享是把产品链接分享给其他人，通过其他人的购买赚取佣金。单品推广适合人数较少时的推广。其操作步骤如下所示：

第一步：在多多进宝中注册账号，打开多多进宝首页（http：//jinbao.pinduoduo.com/）如图 6.43 所示。

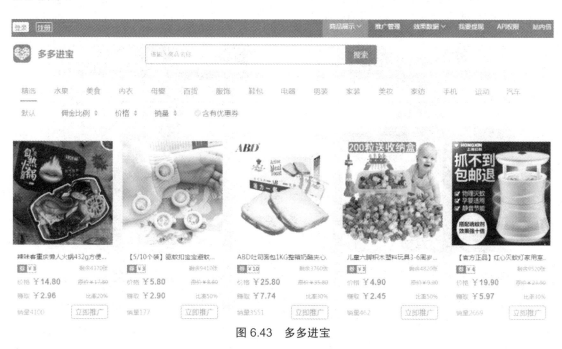

图 6.43　多多进宝

第二步：注册账号，填写手机号并收取验证面填写，点击"注册"。如图 6.44 所示。

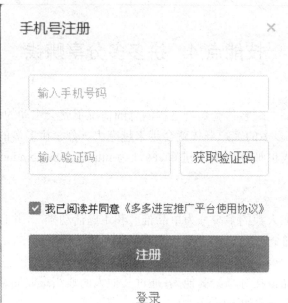

图 6.44　手机号注册

第三步：推广的时候可以按照佣金比例排序去查看商品，同一价位的产品推广佣金比例高的赚取的佣金就多，如图 6.45 与 6.46 所示。

薄休闲裤男士长裤子青小脚裤男..

券 ￥3　　　　　剩余840张

价格 ￥47.00　　原价 ￥50.00

赚取 ￥23.50　　比率50%

销量12　　　　立即推广

图 6.45　推广比率 50%

【雅克莱】夏季新款男士休闲裤..

券 ￥50　　　　剩余9720张

价格 ￥19.00　　原价 ￥69.00

赚取 ￥5.70　　比率30%

销量26　　　　立即推广

图 6.46　推广比率 30%

第四步：在推广的时候没有优惠券领取，买家就会认为购买产品并没有得到优惠而不愿意去购买，在选择产品推广时可点击"含有优惠券"进行查询，如图 6.47 所示。

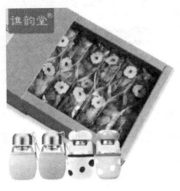

默认　　佣金比例 ⇕　　价格 ⇕　　销量 ⇕　　☑含有优惠券

【众逸正品】新款潮鞋透气运动..
券 ¥2　　　　　剩余3680张
价格 ¥13.90　　原价 ¥15.90
赚取 ¥4.17　　　比率30%
销量1083409　　立即推广

买2送杯 桂圆枸杞红枣茶美颜气..
券 ¥3　　　　　剩余48990张
价格 ¥5.90　　　原价 ¥8.90
赚取 ¥0.59　　　比率10%
销量984126　　立即推广

【依丽美】大号免手洗平板拖把..
券 ¥2　　　　　剩余2370张
价格 ¥9.40　　　原价 ¥11.40
赚取 ¥1.88　　　比率20%
销量902724　　立即推广

图 6.47　"含有优惠券"

第五步：选择好产品点击立即推广，跳转到选择投放推广位页面。如图 6.48 所示。如果有推广位可以点击"选择已有推广位"。

设置推广位　　　　　　　　　　　　×

投放推广位
● 选择已有推广位　　○ 新建推广位

推广位名称
qq　　　　　　　　　　　　　　▾

确认　　取消

图 6.48　设置推广位

如没有推广位的情况下可选择新建推广位，如图 6.49 所示。填写推广位名称。并点击"确认"。

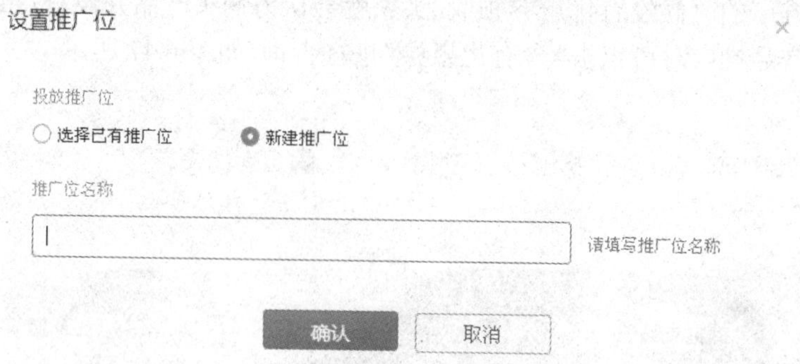

图 6.49　填写名称

第六步：推广商品分为三种形式短链接、长链接、图片分享。

①短链接分享，短链接只有 60 天的有效期，过期失效需要重新获取，复制链接就可以去分享赚钱了，如图 6.50 所示。

图 6.50　短链接

②长链接分享，复制链接如图 6.51 所示。可分享给好友、群等地方。

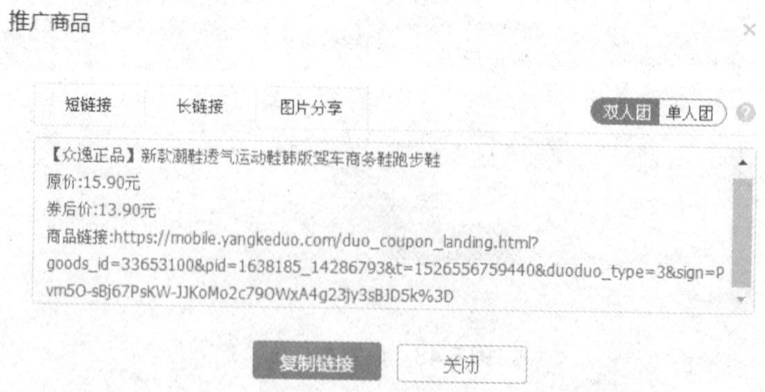

图 6.51　长链接

③图片分享,能够直接看到产品,比较容易被顾客接受,识别二维码即可直接进店下单,如图 6.52 所示。

图 6.52 图片分享

(2)主题推广

主题推广是在促销期间或者节假日时开展的活动,因为在节假日期间客户人数较多,单品推广不能满足需求。主题推广可以为产品带来流量,提升产品的曝光率及销量。

主题推广操作步骤如下所示:

第一步:在多多进宝页面找到商品展示下拉框中的主题推广,如图 6.53 所示。

图 6.53　主题推广

　　第二步:根据产品以及活动情景选择主题活动,如题 6.54 所示。如果店铺经营美食类,就可以加入"美食嗨翻天"进行批量推广。

图 6.54　选择主题活动

　　第三步:批量推广分为短链接、长链接、图片、导出推广链接,如图 6.55 所示。其中短链接、长链接、图片与单品推广相同。

图 6.55　推广方式

　　第四步:导出推广链接,下载文件并打开查看,如图 6.56 所示。这种表格的形式方便查询,可以在了解到顾客需要的产品后,快速查找到并发送给顾客。

　　(3)如何提现

　　推广赚取的佣金可以提现,提现的操作步骤如下所示:

　　第一步:分享推广赚取的佣金提现,进入多多进宝首页右上角"我要提现",如图 6.57 所示。

　　第二步:点击"我的余额",可以查看可提现余额,如图 6.58 所示。

	A	B	C	D	E	F
1	商品名称	短链接	长链接	价格	佣金金额	佣金比例
2	【加量20%	https://a.	https://mc	29.50元	7.37元	25%
3	五芳斋【8只	https://a.	https://mc	25.90元	6.47元	25%
4	米丽奇【4E	https://a.	https://mc	34.90元	10.47元	30%
5	麦岑阁 嘉兴	https://a.	https://mc	34.90元	6.98元	20%
6	【荣庆和粽	https://a.	https://mc	34.90元	6.98元	20%
7	嘉兴粽子大	https://a.	https://mc	29.90元	5.98元	20%
8	【公主店下	https://a.	https://mc	29.90元	5.98元	20%
9	【公主店下	https://a.	https://mc	26.80元	5.36元	20%
10	【呆呆兔】	https://a.	https://mc	29.90元	5.98元	20%
11	【呆呆兔】	https://a.	https://mc	29.90元	8.97元	30%
12	嘉兴粽子礼	https://a.	https://mc	21.80元	4.36元	20%
13	【8粽4味礼	https://a.	https://mc	17.90元	3.58元	20%
14	【四记联洋	https://a.	https://mc	7.88元	0.78元	10%
15	西瓜味的童	https://a.	https://mc	5.80元	1.74元	30%
16	屈原故里粽	https://a.	https://mc	26.80元	5.36元	20%
17	鲜粽子100g	https://a.	https://mc	24.80元	4.96元	20%
18	嘉兴工艺甜	https://a.	https://mc	5.90元	1.77元	30%
19	【嘉兴工艺	https://a.	https://mc	5.90元	1.77元	30%
20	【端午提前	https://a.	https://mc	9.90元	0.09元	1%
21	[10只特价相	https://a.	https://mc	16.80元	5.04元	30%
22	五芳斋【4E	https://a.	https://mc	39.90元	3.99元	10%

图 6.56　文件表格

图 6.57　我要提现

图 6.58　可提现余额

第三步：点击"提现"，可以提现到个人账户或企业账户中，如图6.59所示。

图 6.59　提现

拼多多主图制作

（1）简介

拼多多首页产品可以获取到很多的展现和流量，如图 6.60 所示。产品想要在拼多多首页展示，商品主图需要满足以下条件：

a：尺寸 750*352px、大小 100k 以内。

b：图片格式仅支持 jpg/png 格式。

c：图片背景应以纯白为主，商品图案居中显示。

d：图片不可以添加任何品牌相关文字或 logo。

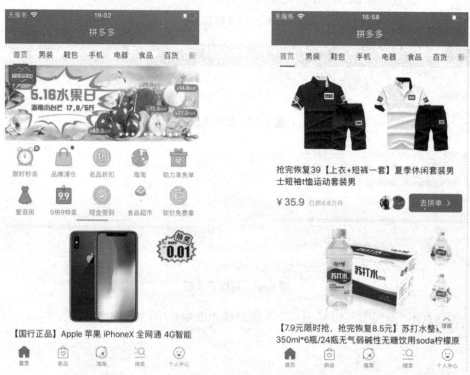

图 6.60　拼多多主页

（2）商品主图制作过程

第一步：在 PS 中新建一个宽度为 750 像素、高度 352 像素的画布，如图 6.61 所示。

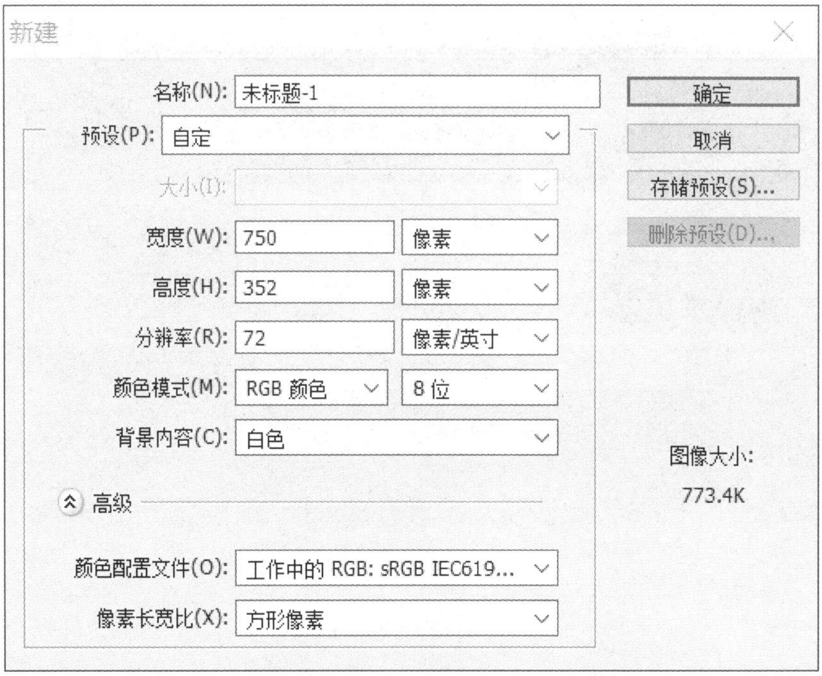

图 6.61 新建画布

第二步：设计商品主图，根据销售的产品信息、产品卖点制作主图，如图 6.62 所示。

图 6.62 商品主图

第三步：将图片压缩到指定 100k 大小。通过 PS，做完主图后，点击"文件"→"存储为 web 所用格式 ..."（快捷键为：Ctrl+Alt+Shift+S），如图 6.63 所示。

第四步：设置图片格式为 JPEG（jpg），设置压缩品质（决定图片大小），其他设置为默认，点击"存储"按钮，设置文件名，选择存储路径，点击"保存"按钮。如图 6.64 所示。

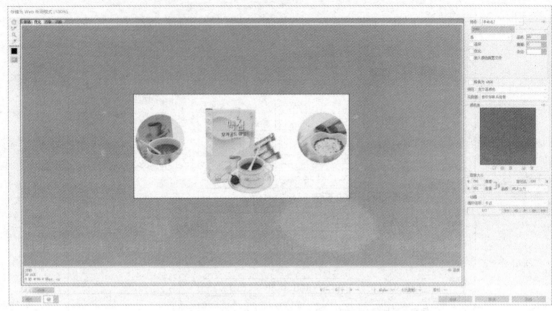

图 6.63　设计主图

图 6.64　保存

　　本章介绍了淘宝卖家如何入驻新媒体平台,通过本章的学习可以了解新媒体购物平台、个人及企业入驻拼多多的步骤,了解到在拼多多上如何通过分享赚钱,在学习之后能够根据自己店铺情况入驻新媒体平台。

媒体	media	入驻	Admission
了解	understanding	纠纷	dispute
分享	share	推荐	recommend
情况	Happening	地址	address

一、选择题

1. 企业入驻拼多多店铺类型下列中哪个是错误的（　　　）。

A. 旗舰店　　　　　　　　　　　　B. 专卖店

C. 专营店　　　　　　　　　　　　D. 特价店

2. 拼多多团购中最低成团人数是几人（　　　）。

A. 2　　　　　　　　　　　　　　　B. 3

C. 4　　　　　　　　　　　　　　　D. 5

3. 拼多多主图尺寸下列中哪个是正确的（　　　）。

A. 750*352　　　　　　　　　　　B. 750*400

C. 620*352

4. 拼多多主图大小下列中哪个是正确的（　　　）。

A. 100 K　　　　　　　　　　　　B. 1 M

C. 500 K　　　　　　　　　　　　D. 200 K

5. 店铺推荐位设置,可以让顾客看到店铺推荐其他的款式,店铺推荐有几个位置（　　　）。

A. 3　　　　　　　　　　　　　　　B. 4

C. 5　　　　　　　　　　　　　　　D. 6

二、上机题

请选择三款拼多多的产品进行推广。